Physics

安海 / 编

奇妙的物理

激发想象力的重要发现

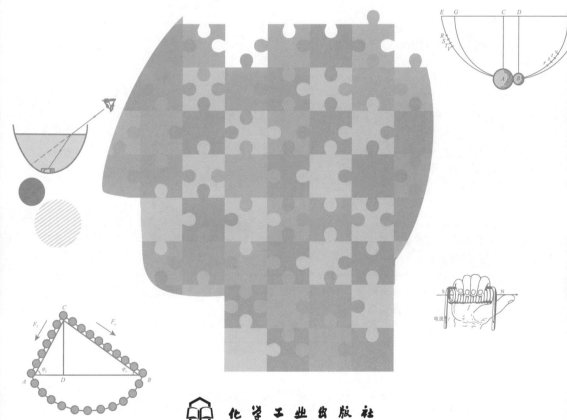

化学工业出版社

·北京·

内容提要

在科学技术发展的进程中，物理学是格外引人注目的学科，涌现出许多伟大的人物和理论。例如毕达哥拉斯的琴弦定律、哥白尼的太阳中心说、伽利略的自由落体定律、笛卡尔的运动量守恒原理、牛顿的运动学三大定律和万有引力定律、法拉第的电磁感应定律、麦克斯韦的电磁场理论以及爱因斯坦的相对论等，这些伟大物理学家及其重要发现推动了人类文明的进步。

《奇妙的物理 激发想象力的重要发现》涵盖了初中物理的诸多知识点，并由此延伸到相关的历史传奇。以故事与知识、发现与应用为切入点，带领读者走进奇妙的物理世界。本书注重经典案例的深入剖析，对其中的重要发现进行了充分解析，告诉读者历史上曾经发生过什么以及为什么会发生这些。

通过本书的阅读，对于启迪物理学思维、培养兴趣爱好、拓展知识视野、激发大脑想象力的作用显而易见。

图书在版编目（CIP）数据

奇妙的物理：激发想象力的重要发现 / 江安海编. —北京：
化学工业出版社，2020.10
ISBN 978-7-122-37363-2

Ⅰ.①奇… Ⅱ.①江… Ⅲ.①物理学–青少年读物
Ⅳ.①O4-49

中国版本图书馆CIP数据核字（2020）第122944号

责任编辑：旷英姿 　　　　　　　　　文字编辑：陈小滔　王　硕
责任校对：王素芹 　　　　　　　　　装帧设计：史利平

出版发行：化学工业出版社（北京市东城区青年湖南街13号　邮政编码100011）
印　　装：大厂聚鑫印刷有限责任公司
710mm×1000mm　1/16　印张13¼　字数151千字　2020年11月北京第1版第1次印刷

购书咨询：010-64518888 　　　　　　　售后服务：010-64518899
网　　址：http://www.cip.com.cn
凡购买本书，如有缺损质量问题，本社销售中心负责调换。

定　　价：38.00元

前　言

从古希腊到欧洲中世纪，物理学曾被称为自然哲学，专门研究人与自然界之间的关系、人造自然与原生自然之间的关系以及自然界的基本规律等。自然哲学的概念最早可以追溯到古希腊毕达哥拉斯关于"万物皆数"的哲学思想，毕达哥拉斯认为世界的本质归结为数，数的原则统治着世界。17世纪，牛顿在巨著《自然哲学的数学原理》中致力于论述和发展与自然哲学有关的数学原理，从而使经典力学成为一个完整的科学理论体系。以牛顿为代表的经典力学体系的建立，是物理学发展的一个重要里程碑。

在人类文明史中，数学发挥着不可替代的作用，也是物理学研究不可缺少的基础工具。但是，绝对不能把物理学降格为数学的一门应用学科。那么，到底什么是物理学？物理学是一门精确地提出问题并加以演绎的科学，旨在研究某种自然规律所产生的运动，以及某种运动所需要的自然规律。自然界是有规律的，这些规律往往都隐藏在自然现象的后面，物理学的任务就是将这些规律寻找出来。

这是一本针对小学高年级和中学生群体编写的物理学简史，共设有21个专题，分别介绍了相关理论从无到有的发展过程。在很多情况下，过程比结果更加重要。对于正在准备学习物理学的中学生而言，虽然有刻苦努力的学习态度，却不知道知识创造的由来，更不知道知识创造的目的，这会造成错觉，感觉到物理学抽象、神秘、枯燥，这不利于让学习成为一种兴趣、一种习惯。

本书介绍了历史上若干重要的物理发现，通俗易懂地叙述了相关的背景，旨在衔接课内知识点，扩充课外知识面，帮助广大读者激发学习动力，提升思维能力，培养发现问题、分析问题、解决问题的能力。

因水平和时间有限，书中疏漏和不当之处，敬请指正。

编者

2020年5月

目 录

第1章

声音的规律及传播

奇妙又壮观的大自然中，各种各样的声音交织在一起。小鸟的尖鸣、知了的聒噪、蟋蟀的吟唱……如果没有它们的点缀，大自然将萧瑟凄凉，毫无生机。声音的存在给大自然增添了无穷的魅力。

声音现象很早就引起了人们的注意，古希腊数学家毕达哥拉斯（约前580—前500）有一项重要发现就来自于音乐。据说有一天，他在大街上散步，不远处的铁匠铺传来"叮叮当当"响亮的声音，他停下脚步，上前细探究竟（图1.1）。原来，这些声音是铁匠用各式锤子锻打铁块时产生的。锤子越重，锻打铁块产生的声音越低沉；相反，锤子越轻，产生的声音越尖锐。当不同的锤子交替敲打时，能够发出和谐的

图1.1 毕达哥拉斯和铁匠（中世纪木雕）

声响。这个现象激发了毕达哥拉斯探索的兴趣。通过深入研究，毕达哥拉斯发现当两把锤子的重量具有简单的整数关系时，它们交替敲打铁块时就会发出好听的声音，而其他重量搭配的锤子交替敲打，发出的声音就不好听。

回到家中，毕达哥拉斯利用七弦琴❶继续进行实验，潜心研究弦长和琴声之间的关系。他将若干条琴弦的一端固定住，另一端悬挂着重量相等的重物，重物能够让琴弦绷紧并发出声音。这时，他调整弦长，发现当弦长之比具有简单的整数关系时，可以得到一对和弦。例如，2:1的弦长对应的是八音度，3:2对应第五音，4:3对应第四音等。用现代物理术语可以这样描述这个发现：在给定的张力作用下，一根给定弦每秒振动的次数与弦长成反比。这就是有名的毕达哥拉斯琴弦定律（图1.2）。

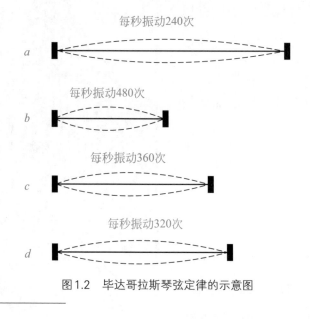

图1.2　毕达哥拉斯琴弦定律的示意图

❶ 七弦琴，古希腊民间的一种弹拨乐器，传说为赫尔墨斯创造，于公元前六世纪左右传遍欧洲，现已淘汰。

两把锤子的重量具有简单的整数关系时交替敲打铁块就会发出好听的声音，两根弦的弦长具有简单的整数关系时就能产生悦耳的和弦，这些现象使毕达哥拉斯得出了一个结论：整数的规则揭示出音乐的秘密，甚至世界上的一切都是如此。

　　在声音的探索方面，很多物理学家都有特殊有趣的发现。

　　意大利物理学家伽利略·伽利雷（1564—1642）年轻时发现了单摆的周期定律，这激发了他对弦线振动的兴趣，他认为单摆的运动和弦线振动之间具有相同的物理原理。在《关于两门新科学的对谈》一书中，伽利略写道：首先必须观察到，每一个摆都有它自己的振动时间，这时间是那样确切而肯定，以致不可能使它以不同于大自然给予它的周期的任何其他周期来振动。

　　伽利略证明了音调依赖于弦的振动频率，即给定时间内弦的振动次数。伽利略发现，当他用一个锐利的铁凿子刮一块黄铜片以除去上面的一些斑点并且让凿子在那上面活动得相当快时，在多次的刮削中有一两次听到铜片发出了相当强烈而清楚的尖啸声；当更仔细地看那铜片时，他注意到上边有长长的一排细条纹，彼此平行并且等距地排列着。当他用凿子一次又一次地再刮下去时，注意到只有当铜片发出"嘶嘶"的声音时，上面才能留下记号；当刮削并不引起摩擦声时，就连一点记号的痕迹也没有。多次重复这种玩法并且使凿子运动得时快时慢时，啸声的调子也相应地时高、时低。当声调较高时，得出的记号就排得较密；而当音调降低时，记号就相隔较远。他还发现，在一次刮削中，当凿子在结尾处运动得较快时，响声也变得更尖锐，而条纹也靠得更近。此外，每当刮削造成"嘶嘶"声时，他就觉得凿子在他的手掌中发抖，而一种颤动便传遍整只手。

伽利略曾经观察到大键琴❶上有两条弦和上述那种由刮削而产生的两个音相合，而在那些音调相差较多的音中，有两条弦是恰好隔了一个完美的五度音的音程。

通过测量由这两种刮削所引起的各细条纹之间的距离，他发现了一个音的45条细条纹（因而有45次振动）的距离上包含了另一个音的30条细条纹（因而有30次振动），二者之间正好是指定给五度音的那个比率。

伽利略认识到，弦的振动频率与其长度、张力以及质量有关。法国物理学家马林·默森（1588—1648）在伽利略的影响和指导下，也进行了声学研究。为了确定一个律音的音调与产生该音的给定材料，弦的长度、粗细以及张力之间的关系，默森做了大量的实验。

用 n 和 n' 表示两个不同律音的音调，l 和 l' 表示同一种弦的不同长度，d 和 d' 表示弦的不同直径，p 和 p' 表示为伸长弦所施加的不同张力，q 和 q' 表示弦本身的不同重量。默森提出下列几个等式：

1.当弦的长度和直径相等，但由不等的张力伸长时，$n/n'=\sqrt{p}/\sqrt{p'}$。

2.当弦的长度和伸长弦的张力相等，但本身重量不等时，$n/n'=\sqrt{q'}/\sqrt{q}$。

3.当弦的直径和张力相等，但长度不等时，$n/n'=l'/l$。

4.当同样材料的弦的长度和张力相等，但直径不等时，$n/n'=d/d'$。

默森还用不同的金属（例如金、银、铜、黄铜和铁等）制成琴弦，进行实验，发现弦的长度、粗细和张力相等时，音调和金属的密度成

---

❶ 大键琴，15世纪末起源于意大利的拨奏弦鸣乐器，16世纪至18世纪盛行于欧洲，19世纪初，逐渐被钢琴所替代。

反比。

　　发声体整体振动发出的声音称为基音，具有单一的基频。以基音为标准，其他部分（二分之一、三分之一、四分之一等）振动发出的声音就是泛音。默森还发现，一根振动的弦除了基音以外，还产生泛音。当然，当一根弦自由振动时，基音是非常明显的，但当这个音变弱时，就会觉察到某些音比基音延续得更长。默森听到了比基音高的十二度音和十七度音。他将这个发现告诉了法国朋友勒内·笛卡尔（1596—1650），笛卡尔指出泛音可能是这根振动弦的每一部分各自的振动所引起的，绝大多数的发声体发出的声音都包含多个频率。

　　在与声学有关的各种问题中，声速的测量也同样引起了人们的关注。最早的实验是由法国人皮埃尔·伽桑狄（1592—1655）做的。按照亚里士多德的观点，通过空气时高音的速度比低音要快，伽桑狄决定用实验来检验。他首先利用一门大炮向远方某处射击，在适当的位置安排一位观察员，记录他看到闪光和听到声音的时间间隔，用大炮与观测员的距离除以这个时间间隔，就得到了炮声的速度。然后，再用一支步枪重复同样的实验，也得到了枪声的速度。多次实验的结果表明大炮和步枪各自声音的速度基本相同，约为每秒1473英尺❶（约449米），这证明亚里士多德的观点是错误的。

　　1636年，默森反复做了伽桑狄实验。根据已知距离内的火枪的声音和闪光之间的时间差测定了空气中的声速，他得到的值约为421米/秒。

------

　　❶ 英尺，英国的长度计量单位，1英尺=0.3048米。

大约在20年以后，意大利的波雷里（1608—1679）和维维安尼（1622—1703）也重复了类似的实验，他们得到的声速约为328米/秒。

在以上关于声速的测量实验中，基本上都没有注意温度以及风向、风速等因素的影响，伽桑狄甚至根据观测数据得出了一个错误的结果，就是风向不影响声速。1705年，威廉·德勒姆（1657—1735）通过实验发现风向对声速有影响，纠正了伽桑狄的错误。德勒姆还试图找出温度、大气湿度变化对声速的影响规律，不过，他得出的结论比较含糊。

1676年，英国的罗伯特·胡克（1635—1703）对金属器件特别是弹簧的弹性进行了研究，为了获得发现的优先权[1]，他在一本叙述太阳镜的书籍后面，发表了一条用拉丁文写的字谜"ceiiinosssttuv"。按当时惯例，如果暂时还不能确认自己的发现，可以先把发现用一串打乱顺序的字母发表，确认后再恢复正常顺序。两年后，他公布了谜底"ut tensio sic vis"，意思是任意弹簧的力与其张力同比。例如一分力可使该弹簧弯曲一空间单位，二分力就能使它弯曲二空间单位，三分力就能使它弯曲三空间单位，如此类推。这就是著名的胡克定律，意思是说弹簧应力与伸长量成正比。胡克定律的数学表达式为：

$$F = -kx$$

式中，F 为弹性应力的大小；k 为物体的弹性系数（也称倔强系数、劲度系数等），在物体的线弹性范围内是一个常数；x 为弹簧相对于平衡状态时伸长或者缩短的值。胡克定律如图1.3所示。

---

[1] 优先权，即科学发现优先权，是科学家对某一科学发现的最先所有权，其标志着能获得最大的社会承认。

胡克定律对现实世界中复杂的非线性本构关系进行了线性简化，为研究声源物体的机械振动提供了一个重要的物理模型，而实践证明这种处理方法是有效的。

声源物体的机械振动能够引起周围空气的振动，形成了疏密相间的波动，向四面八方传播（图1.4）。如果将声源物体的机械振动记录下来，然后再按记录重现，就会产生与原来一样的声音。1877年，美国发明家爱迪生（1847—1931）根据上述原理发明了一台会说话的机器，即留声机，轰动了全世界。

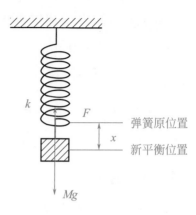

图1.3 胡克定律示意

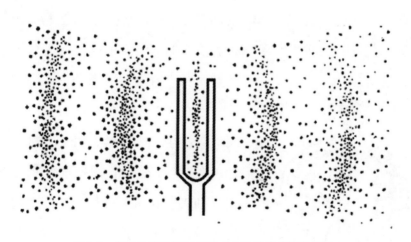

图1.4 音叉的振动引起周围空气的疏密相间的波动

机械振动在各种介质（例如空气）中向四面八方的传播叫做声波。声波的传播实质上是能量在介质中的传递，声波所到之处的质点（如空气分子）沿着传播方向在平衡位置附近振动。

罗伯特·胡克曾利用紧绷的长绳研究声音在固体中的传播速度。不过，他给出了一个错误的结论，认为声音在固体中的传播是瞬时的，不需要时间。

空气是传播声音的介质。有一些物理学家认为作为声音介质的东西仅仅是空气的某些部分，而不是全部。例如，伽桑狄把这种传播声音的功能归结于某种特殊的原子，而德勒姆则认为传播声音的究竟是空气本身还是某种以太微粒或者物质微粒是一个悬而未决的问题。不管怎么样，在抽气泵被发明之前，关于空气在声音传播中扮演了什么角色的讨论只能停留在猜测的层面。

1646年，德国物理学家奥托·冯·格里克（1602—1686）当选为马德堡市市长。在紧张的城市管理工作之余，他仍然抽出时间致力于自然科学的研究。格里克受到吸取式抽水机工作原理的启发，经过精心设计和反复试验，发明了能够产生真空的活塞式抽气泵。由此，他进行了有关确定空气和声音之间关系的一系列实验。例如，他在一个密闭的玻璃容器里用一根金属丝悬挂了一个铃铛，由一个机构敲响铃铛（图1.5）。然后，用抽气泵将容器中的空气抽去，在这个过程中，他发现铃声会变得越来越轻。这个实验充分说明，真空不能传播声音，空气在声音传播的过程中起到了关键作用。

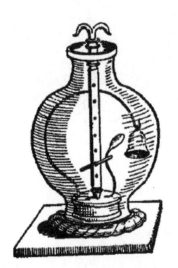

图1.5 格里克研究空气和声音之间关系的实验装置

格里克还发现，除了空气以外，液体甚或固体也可以传播声音。他的实验证据是能够教会鱼按照铃声来进食。不过，这个证据并不是很确凿：鱼游过来进食到底是因为看见敲击铃铛的场景还是因为听到铃铛发出的声音？这个问题至今还存在争论。

1705年，英国物理学家弗朗西斯·豪克斯比（1687—1763）重复了格里克验证空气传播声音的实验。他把一个里面有空气和一只铃铛的小玻璃球（内球）放在一个大玻璃球（外球）内。内球与外球之间用一根开口的管子连通。在两个球之间，用抽气泵将空气尽量抽空，形成真空。当把连通管的管口封闭时，就几乎听不见里面的铃声；当管口被打开后，就可以清楚地听到铃声。

豪克斯比还提供了水能传播声音的确凿证据。他用一根绳子把一个内有空气和铃铛的玻璃瓶放在水下。当铃铛发出声音时，站在外面可以非常清楚地听到铃声。

英国物理学家艾萨克·牛顿（1643—1727）对声速也进行了详细的研究，不过他没有做实验，而是根据声音的物理模型，再应用数学工具对声速进行理论上的推导。

可以拿一串弹簧和小球模拟声音在空气中的传播。如图1.6所示，只要拨动左边的小球，这个小球就会带动右边紧挨着的小球振动，然后这样的振动会依次向右传递，形成一个传播的效果。在传播过程中，每个小球只是在原来的位置附近振荡，并不产生大范围的移动，但波动却被传递到远方。

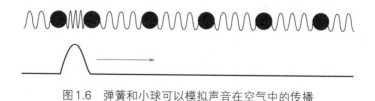

图1.6　弹簧和小球可以模拟声音在空气中的传播

1687年，牛顿在《自然哲学的数学原理》一书中，根据胡克定律以及玻意耳定律等公式，推导出空气里的声速与大气压强的平方根成正比，与空气密度的平方根成反比，即

$$v = \sqrt{\frac{P}{\rho}}$$

式中，v 为空气里的声速；P 为大气压强；ρ 为空气密度。

按照上面的方程，牛顿得出的声速约为280米/秒，这个数值远远小于实测值，约有16%的误差。

大约在一个世纪之后，法国数学家拉普拉斯（1749—1827）指出牛顿没有考虑到空气由于压缩变热和稀疏制冷的弹性变化。他使用绝热过程代替了等温过程，对牛顿的声速模型进行了修订，得到的计算结果与实测值误差很小。

第 2 章

平衡问题的研究

在数学、逻辑学、文学和艺术等方面，古希腊人都表现出惊人的创造才能。但是，他们在物理学方面的成果就比较少。早期古希腊人的物理学思想绝大部分是含糊的、微不足道甚至是毫无价值的，因为他们从未尝试或者很少尝试通过实验来证实自己的判断。从阿基米德开始，古希腊才出现了为研究课题而专门从事实验的物理学家。

阿基米德（前287—前212）的父亲是一位天文学家，良好的家庭教育让阿基米德很早就对数学产生了兴趣，并且熟练掌握了许多数学技巧。他曾对数学的若干分支做出过很重要的贡献，例如在立体几何方面，他找到了圆柱体及其内接球的面积和体积之间的关系式。按照他本人的意愿，他的墓碑上就是用一个圆柱体内有一个内切球作为主要标志的。

阿基米德在《论平面图形的平衡》一书中提到了杠杆。什么是杠杆呢？一般而言，它就是围绕固定支点转动的硬棒，属于一种简单机械，在生活的各个方面都有十分重要的应用。根据实际需要，杠杆的形式多种多样，例如剪刀、扳手、撬棍、跷跷板等。

在阿基米德的时代，希腊数学完全局限于几何学，甚至连物理学领域中的各种证明都是由几何作图来完成。阿基米德讨论静力学的平衡问题时，就是遵从欧几里得《几何原理》的传统，先提出公设，然后再从中推演出若干定理。阿基米德把杠杆在实际生活应用中的一些经验知识当做不证自明的公设。这些公设如下：

1.相同的重物放在相同的距离上就处于平衡状态；而相同的重物放在不同的距离上则不平衡，杠杆会朝着放在较远距离上的那个重物倾斜。

2.当放在一定距离上的重物处于平衡状态时，如果在其中一个重物上加一点分量，它们就不平衡了，杠杆会向加了分量的那个重物倾斜。

3.同理，如果从其中一个重物中取出一点分量，它们也不平衡，杠杆向没有取出分量的那个重物一边倾斜。

4.全等的平面图形如果互相重叠地放在一起，则它们的重心也同样重合。

5.如果图形不相等但是相似，则其重心也有相似的位置。所谓相似图形有相似位置的点，是指如果过这些点分别到相等的角作直线，则它们与对应的边所成之角也是相等的。

6.如果处于一定距离上的两个重物处于平衡状态，则另外两个与它们相等的重物处于同样距离时也会处于平衡状态。

7.任何一个图形，如果沿同一方向其周边都是下凹的，其重心必在图形之内。

从这些公理出发，运用几何学，通过直接的逻辑论证，阿基米德推出了十五条定理。其中第六条定理就是著名的杠杆原理，用现代的话说就是：两个重物平衡时，它们离支点的距离与重量成反比。

阿基米德对杠杆的研究不是仅停留在理论研究层面，他还进行了一系列的实践活动。在第二次罗马和迦太基的战争中，为了保卫锡拉库免受罗马海军的袭击，阿基米德利用杠杆原理制造了远近距离的投石器，利用它们射出各种飞弹和巨石攻击敌人，将罗马人阻于锡拉库萨城外达三年之久。

　　杠杆的工作原理在中国历史文献上也有记载。战国时代后期，在《墨经》（成书时间约为公元前388年）中就有关于杆秤平衡（图2.1）的记载："衡，加重于其一旁，必捶，权重相若也相衡……"这句话的意思是当杆秤平衡时，若在其一端加重物，一定会使它倾斜。一端同加重物，另一端必须调整臂长，杆秤才能平衡。墨家成员大多数来自生产的第一线，具有丰富的实践经验，刻苦研究的风气也很盛行，做了很多新发明。虽然墨家发现杠杆原理的时间比阿基米德要早200多年，但是没有就此建立起完善的力学体系。

图2.1　杆秤的结构示意图

　　阿基米德应用杠杆原理发明了另一种机械装置，它就是滑轮。滑轮是一个能够绕轴转动的小轮，可以通过绳索或者铰链传递力。根据轴的位置可以将滑轮分为两大类：一类为定滑轮，其轴的位置固定，可以承受力，通过定滑轮可以改变力的方向；另一类为动滑轮，其轴的位置随被拉物体一起运动，它不能改变力的方向，但是牵引一边时可以节省一半的力。如图2.2所示，多个定滑轮和动滑轮组合在一起，构成滑轮组。公元1世纪，亚历山大城的数学家海伦分析并且证明了滑轮原理，即负载与施力之比等于承担负载的绳索段的数目。

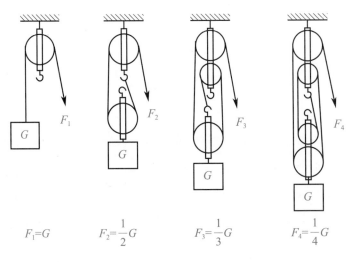

$$F_1 = G \qquad F_2 = \frac{1}{2}G \qquad F_3 = \frac{1}{3}G \qquad F_4 = \frac{1}{4}G$$

图2.2 滑轮原理示意图

阿基米德曾应用滑轮组移动了一艘沉重的大船，古希腊著名传记作家普鲁塔克（46—120）向公众介绍了这个故事。阿基米德是锡拉库萨的希罗国王的亲戚和朋友，他曾写信给希罗说，用任何给定的力能够移动任何给定的重物，而且正如我们所知道的，他由于受到自己的实验演示的巨大鼓舞，便宣称假如另外有一个世界，他又可以到那里去的话，他就能移动地球！希罗国王大为惊奇，要他把他的主张付诸实施，表演一下怎样用微小的力去移动很大的重物。于是阿基米德决定拉动一艘皇家船队的三桅货船，这种船通常要用很多劳力在岸边拉纤才能靠岸。因为提前设计并安装了一套滑轮组，所以在船上乘有许多旅客并装满了普通的货物后，阿基米德就坐在离船一段距离的地方，安静地转动手里的圆盘，通过滑轮组毫不费劲地就把船平稳地拉动起来了。

　　除了工程机械方面的贡献以外，阿基米德还发现了流体静力学中的浮力定律，并在《论浮力》一书中给出了详细的证明。古罗马著名建筑师维特鲁威乌斯（约前80或前70—前25）根据传说详细描述了它的发现过程。阿基米德有许多各种各样的发现，在他所有的发现当中，有一个是最精彩、最巧妙的，就是浮力定律。传说，希罗国王为了显示自己的丰功伟绩，决定在一座圣庙里供奉一顶纯金的皇冠，献给不朽的神灵。希罗国王与承包商谈好价钱，按照约定精确地称出黄金交给了他。到了规定的日期，承包商送来了制作极其精美的皇冠，国王极为满意。看起来皇冠的重量与所给的黄金重量完全相符。可是有人告发说，在做皇冠时，承包商窃取了部分黄金，并将其替换为等重的廉价金属。希罗国王觉得自己受了欺骗，非常生气，但又没有办法把窃贼的嘴脸揭露出来，就命令阿基米德想想办法。阿基米德连洗澡的时候都在想着这件事，当进澡盆时，发现自己身体越往里浸，澡盆里的水溢出得越多，解决问题的办法找到了。他从澡盆里跳出来，光着身子欣喜若狂地跑到大街上，一边跑还一边大喊："找到了，找到了！"阿基米德向国王讨来与皇冠等重的一块黄金，把这块黄金缓慢地完全浸入到灌得满满的容器中，收集溢出的水，溢出的水和黄金的体积是相等的。把黄金取出来，再次用水灌满容器，将皇冠缓慢地完全浸入到容器中，同样收集溢出的水。通过比较发现皇冠的体积比等重黄金的体积稍微大一些，他找到了皇冠中掺入了廉价金属的确凿证据。

　　皇冠悬案完美地解决了，但是阿基米德却因此沉浸在探索物体在液体中的浮力问题中。如果在液体中对物体进行称重，则必须减去物体排开同体积液体的重量。于是，阿基米德发现浸在液体中的物体受到向上的浮力，浮力的大小等于物体排开的同体积液体的重量。这就是著名的浮力定律。

阿基米德以后，静力学方面的研究几乎停滞，直到十六世纪，由荷兰学者西蒙·斯特文斯（1548—1620）重新发展起来。斯特文斯具有独立的思想，并且对权威极少崇拜，在各方面都有很深的造诣，例如他是小数的发明者、研究过滑轮组的平衡问题、提出并应用过力的平行四边形原理等。

1586年，斯特文斯出版了《静力学原理》一书。在这本书的封面上，画了一幅图。如图2.3所示，许多金属小球组成一根链条，放在一个棱柱形的支撑体上；棱柱体两个斜面的倾角不同，但都是光滑的，可以忽略摩擦。在这种情况下会发生什么呢？因为斜面的倾角不同，右边斜面（倾角较小）上的小球明显比左边斜面（倾角较大）上的多，而许多人认为

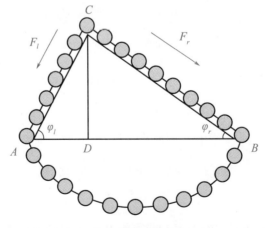

图2.3　斯特文斯链条

由于两边不平衡，链条将自左向右顺时针滑动，因为链条是连续的，这个运动将永远地进行下去。如果真如此，这个装置就成为一台永动机了。

斯特文斯否定了永动机的这种可能性。他找到了链条在斜面上的平衡条件，就是斜面上的一个物体沿斜面方向所受到的力与倾角的正弦值成正比。

显然，左右两个斜面上的小球数目与斜面长度成正比。如果左侧每个小球受到的拉力为F_l，右侧每个小球受到的拉力为F_r，那么有

$$F_l \times AC = F_r \times CB$$

若引入斜面的倾角为φ_l和φ_r，则有

$$\sin\varphi_l = \frac{DC}{AC} \qquad \sin\varphi_r = \frac{DC}{CB}$$

这样，斜面的平衡条件就可以写为以下关系式：

$$\frac{F_l}{F_r} = \frac{\sin\varphi_l}{\sin\varphi_r}$$

斯特文斯在流体静力学方面也有重要的贡献。他用实验演示了所谓的流体静力学的下述定律，即液体对盛放液体的容器的底所施的力只取决于承受压力的面积大小和它上面的液柱高度，与容器的形状无关。

斯特文斯用图2.4所示的实验演示了这一性质。一个容器$ABCD$内注满了水，底部有一个圆形开口EF，盖上一个木盘GH。第二个容器IRL与第一个容器一样高，也注满了水，底部也有一个同样大小的开口，也盖了一个与GH同样重的木盘OP。实验结果显示，木盘GH和OP都没有浮起

而保持顶住开口。这表明，实际上它们承受着相等的压力。实验方法表明，这两个压力相均衡，并且两个圆盘刚好被重物 S 和 T 升起（S 和 T 的重量彼此相等，且等于圆盘 GH 上水柱 ERQF 的重量）。斯特文斯注意到，按这样的方式，一根细管中的一磅❶水能轻易地对一个大容器中的一个插塞施以十万磅的压力。

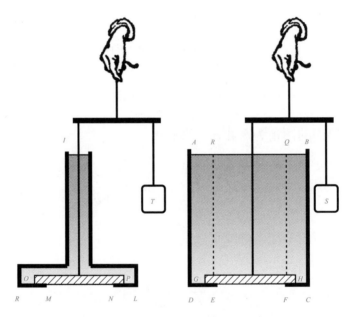

图2.4　斯特文斯演示流体静力学定律

斯特文斯还用实验验证了流体不但具有向下的压力，还具有向上的压力。如图2.5所示，用金属片 G 盖住一个两端开口的管子 EF 的下端，然后把它放入盛满水的容器 ABCD 之中。这时他发现，即使没有任何的固定措施，金属片 G 也不下沉。这说明流体具有向上的压力，并且能顶住金属片 G。

---

❶磅，英美制质量单位，1磅＝0.4536千克。

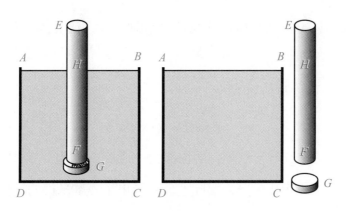

图2.5　斯特文斯演示流体具有向上的压力

伽利略也对静力学研究充满了兴趣。他和斯特文斯几乎是同一时代的人，但他们的研究是各自独立进行的。伽利略不仅为区别于静力学的动力学奠定了基础，而且还通过静力学和动力学的结合，发展了虚位移（或虚速度）原理。这个原理最早是由瑞士数学家约翰·伯努利（1667—1748）在写给法国数学家瓦里尼翁（1654—1722）的一封信中明确提到的：当质点系通过一个平衡位置时，各个力同它们各自作用的质点的位移乘积的总和为零。

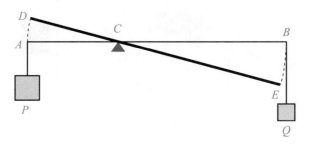

图2.6　虚位移原理和杠杆

如图2.6所示，一根处于平衡状态的杠杆的情形便是这样，两个力 P 和 Q 成直角地作用于杠杆的两臂 A 和 B。如果杠杆失去平衡，A 和 B 分别发生的位移为AD和BE。当位移的量很小时，可以认为AD与AC成直角，并且BE与BC也成直角。如果杠杆仍然处于平衡状态，考虑到位移AD和BE方向相反，可以写出如下的公式：

$$P \times AD = Q \times BE$$

也可以说，力P和Q与它们各自的位移大小成反比关系。考虑到位移和它们的力臂的长度成正比关系，实际上就推导出了阿基米德的杠杆定律。

伽利略还把这条原理运用到对滑轮组和斜面的分析中。如图2.7所示，有重物P和Q（为简便起见，也将P和Q视作各自物体所受重力）在一个倾斜角为A的斜面上处于平衡状态。因为重力来源于地球的引力，根据虚位移原理，这两个物体是否平衡可通过它们靠近或者远离地球中心来确定。因为重物P下降（升高）的位移为h，所以重物Q将升高（下降）的位移为$h\sin A$。因为$P \times h = Q \times (h\sin A)$，所以$P = Q \sin A$。

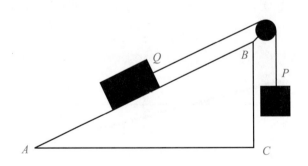

图2.7　虚位移原理和斜面

P实际上就是重物Q沿斜面方向所受到的力的大小，这就是说，用虚位移原理也证明了斯特文斯链的平衡条件。

1653年，法国人布莱士·帕斯卡（1623—1662）推广了斯特文斯的流体静力学方面的研究。经过反复实验，他提出由于流体具有流动性，封闭容器中的静止流体的某一部分发生的压强变化，将大小不变地向各个方向传递，压强等于作用压力除以受力面积。这就著名的帕斯卡定律。

帕斯卡欣喜地认为：在这种新机器中，令人惊奇地也发现了诸如杠杆、滑轮、蜗杆等一切旧机器中发生的那种不变的规则性，即距离（反比地）随力变化……。这可以看作是解释这种效应的真正理由，因为一百磅水移动一英寸❶显然与一磅水移动一百英寸相同。

水压机就是应用帕斯卡定律设计出来的。自1893年美国建成第一台万吨水压机起，万吨级水压机就成为各个国家发展航空、船舶、重型机械、军工制造等产业的关键设备。

1962年6月，上海江南造船厂1.2万吨级自由锻造水压机（图2.8）试车成功，这标志着中国的第一台万吨级水压机胜利诞生。

图2.8　中国第一台1.2万吨级自由锻造水压机局部

---

❶ 英寸，英美制长度单位，1英寸＝0.0254米。

第 3 章

光的反射及折射

眼睛是人类感官中最重要的器官，读书认字、看图赏画等都要用到眼睛，健康人的大脑中约80%的知识都是通过眼睛获取的。眼睛能识别不同颜色和不同亮度的光线，并将这些信息转变成神经信号，传送给大脑。人类的眼睛发展成为这样一个复杂灵巧的光学系统，是生物在自然选择过程中漫长进化的一个结果。

人的眼睛为什么能看见物体？古希腊哲学家亚里士多德（约前384—前322）提出了相遇说，认为人的眼睛和物体分别发出某种东西，两者在空中相遇形成视觉；哲学家伊壁鸠鲁（约前341—前270）坚持进入说，主张物体自身发出影像，进入眼睛，产生视觉；而几何学家欧几里得（约前330—前275）笃信发射说，认为人之所以能看见，是因为眼睛能够发射出光线。不过，欧几里得将光线从一种散漫的蒸汽状态的存在解释为某种沿直线传播的东西，认为光的行为可以应用几何学命题进行预言。

公元1世纪，正在亚历山大城学习的古希腊数学家海伦经过长期的研究，发现了光的反射定律，即光线沿两点间距离最短的路径反射。

如图3.1所示，点 A、B 在直线 CD 的同侧。那么，从点 A 到直线 CD，然后再到点 B 的所有路径中，以通过直线上的点 P，使得 AP 及 BP 与 CD

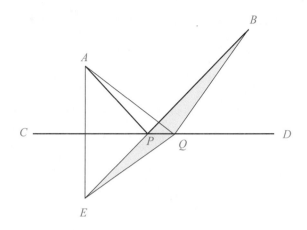

图3.1 光线沿两点间距离最短的路径反射

的夹角相等的这条路径的距离最短。作点A关于直线CD的对称点E。连接BE，与直线CD相交于点P。显然，$\angle APC = \angle CPE$。连接AP、PB，根据对顶角相等，有$\angle BPD = \angle CPE$，所以，$\angle APC = \angle BPD$。不难验证，从点A到直线CD，然后再到点B的所有路径中，$AP+PB$这条路径最短。

现代物理学中引入了镜面的切面法线，也就是说，镜子的剖面可以不是直线。如图3.2所示，入射角是入射线与法线所成的$\angle 1$，反射角是反射线与法线所成的$\angle 2$。光的反射定律可以简单表述为光线的入射角与反射角相等。

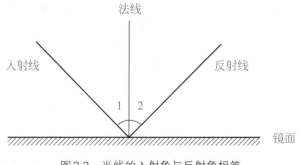

图3.2 光线的入射角与反射角相等

海伦曾经写过名为《反射光学》的书，其内容涉及镜子的反射理论及其实际应用。为什么从我们眼睛里发出的光线会被镜子反射？为什么又以相等的角度反射？海伦认为这是因为我们的视线从视觉器官发出时是沿着直线进行的。这个命题现在可以证实出来，因为任何以不变速度运动的东西都是沿直线运动的。以我们看到的弓上射出的箭为例，由于推力，箭在运动中力求走过尽可能短的距离，因为它没有时间使运动变慢，也就是说，没有时间走过更长的距离，推力不允许有这样的耽搁。所以，由于箭的速度，它倾向于走最短的路径，而在所有终始端相同的路径中，最短的就是直线。眼中发出的光线是以无穷大的速度运动的，当我们闭上眼睛后再睁开来观看天空，并不需要什么时间就看到天空了。尽管我们与星星的距离可以说是无限远，但当我们去看它们时立刻就看到了。而且，如果我们与星星的距离再增大，结果还是一样，所以，光线显然是以无限大的速度射出的。因此，它们若不受阻碍或被弯曲，总是沿最短的路径即直线运动。

这一段话同时也揭露了一个事实，就是海伦保留着与欧几里得相似的发射说思想，认为视觉的产生是由于眼睛发出了光线，光线以无限大的速度被物体反射回来。

亚历山大里亚时代的另一位伟大人物是克罗狄斯·托勒密（约90—168），他生于埃及，父母都是希腊人。年轻时，托勒密被送到亚历山大求学，后来长期生活在那里。托勒密对物理学的重要贡献被整理到他的《光学》一书中，其中就包括光线从一种介质进入另一种介质时发生折射的问题。托勒密认为可见光可以有两种方式改变路径：一是被反射，即被物体反弹回来，这种物体称为镜子，光线不能穿透；二是在介质中被弯曲（即折射），这时光线能穿透介质，这种介质有一个共同的名称——透明物质，因为可见光线能够穿透它们。

如图3.3（a）所示，托勒密把一枚硬币放在一只装满水的名为洗礼盆的容器的底部，假定眼睛的位置使得它发射的可见光线刚好通过洗礼盆的边缘到达比硬币略高的地点。然后让硬币保持原地不动，慢慢地向盆里注水，直到从盆边射过去的光线向下弯曲刚好落到硬币上为止。结果，原来看不到的物体现在顺着从眼睛连接到物体真正位置上方一点的直线可以看到了。但观察者不会假定视线已经弯向物体，而会认为物体自行浮了起来，向视线方向升高了。因此，物体将会出现在从它向水面所作的垂直线上。

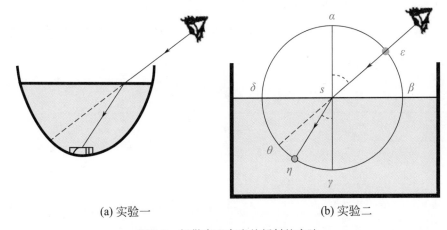

(a) 实验一　　　　　　　　　　　　　(b) 实验二

图3.3　托勒密研究光的折射的实验

后来，托勒密又发现光在水中产生并能被观测到的折射量，可以借助铜盆实验来确定。如图3.3（b）所示，在铜盆上作一个圆 $\alpha\beta\gamma\delta$，圆心是 s。再作两条直径 $\alpha s\gamma$ 和 $\delta s\beta$，使其相交成直角，从而分出4个象限。把每个象限分成90等份并在中心放上很小的颜色标记。然后把圆盘垂直地放在一个水盆中，并向盆中注入适量的清水，使视线不受阻碍。让盘面竖立与水面垂直,并被水面一分为二,于是正好有半个圆 $\beta\gamma\delta$ 完全处在水下,直径 $\alpha s\gamma$ 垂直于水面。他试着从 α 点附近取一段已测的弧长,例如 $\alpha\varepsilon$,它位于水平面上两个象限之一中,在 ε 上放一很小的颜色标记。用一只眼睛瞄着去看,直到 ε 和 s 上的标记与眼睛在同一条直线上。同时,在对面水下的象限中沿着圆弧 $\gamma\delta$ 移动一根细小的杆,直到细杆的一端与圆弧的交点 η 在水下的像出现在 ε 与 s 连线的延长线上。现在,如果我们测出 γ 点与 η 点之间的弧长,我们将会发现这段弧长 $\gamma\eta$ 总是小于弧长 $\alpha\varepsilon$。

如果让眼睛沿着垂线 αs 看,视线就不会弯曲,而会落在对面的 γ 点上,并与 αs 处于同一直线上。而在任何其他位置,当弧 $\alpha\varepsilon$ 增大时,弧 $\gamma\eta$ 也增大,但射线的弯曲量将逐渐变大。

当 $\alpha\varepsilon$ 是 10° 时, $\gamma\eta$ 为 8°,弯曲量是 2°。托勒密实验测量到的其他数据可以罗列如表3.1所示。

表3.1　托勒密实验测量数据

$\alpha\varepsilon$	$\gamma\eta$	弯曲量
20°	$15\frac{1}{2}°$	$4\frac{1}{2}°$
30°	$22\frac{1}{2}°$	$7\frac{1}{2}°$
40°	29°	11°
50°	35°	15°
60°	$40\frac{1}{2}°$	$19\frac{1}{2}°$
70°	$45\frac{1}{2}°$	$24\frac{1}{2}°$
80°	50°	30°

托勒密用类似方法研究了光线在空气和玻璃的交界面上的折射，并发现在这种情况下，光线的弯曲量更大。但是托勒密没有更进一步把他的观察结果用数学公式总结出来。

关于人的眼睛能够形成视觉的解释，托勒密相信欧几里得的发射说。当时，无论是支持相遇说、进入说，还是支持发射说，他们都拿不出确凿的证据反驳别人。这种争论不休的状态一直持续到阿拉伯物理学家伊本·艾尔·海什木（965—1040）的出现，他是阿拉伯世界的著名学者，拉丁语中尊称他为阿尔哈森。阿尔哈森用实验结果有力地支持了伊壁鸠鲁的进入说。

在开罗居住期间，阿尔哈森进行过著名的黑屋实验。具体的做法就是在一个黑暗的屋子里，一面墙上开一个小洞。屋外，在紧挨着这个小洞的地方挂上五盏灯。这时，他发现黑屋里出现五道光。然后，他在小洞和其中一盏灯之间放了一个障碍物，使这盏灯、障碍物和小洞在一条直线上。他发现有障碍物遮挡的那道光线消失了，黑屋里只剩下四道光了。五盏灯同时点亮，当有障碍物遮挡时，屋内的观察者只能发现其中的四盏。阿尔哈森由此推论，眼睛也是这样工作的，它只能对进入眼睛的光线产生视觉。

阿尔哈森还通过手的前后移动的锥角变化来验证自己的结论。一个人的手在移动的时候会产生大小的视觉变化，因为来自手的轮廓和外形的光线的锥角会在手移向自己的时候变大。

阿尔哈森研究了眼睛的解剖结构（图3.4），详细阐述了视觉形成的原理，彻底转变了人们对光及视觉的认识。阿尔哈森开创了对实验物理学的研究，是现代光学的开拓者，其著作《光学书》倡议使用实验科学方法，将物理和数学综合在一起，建立了一种基于古希腊光学知识的新理论。

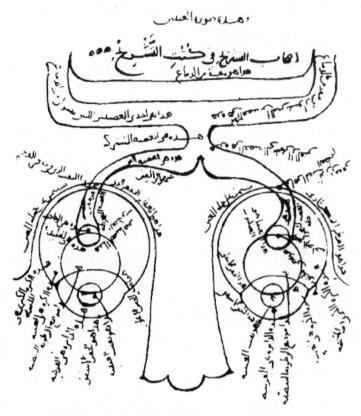

图3.4 《光学书》中的插图：眼睛的解剖结构

光入射到不同介质的界面上会发生折射。1621年，荷兰数学教授斯涅尔（1580—1626）发现了光的折射定律，即斯涅尔定律。他的表述为：对于给定的两种介质来说，入射角和折射角的余割之比总是保持相同的值。因为余割和正弦成反比，这个表述也等价于现代的表述：入射角的正弦与折射角的正弦之比对给定的两种介质来说是一个常数。

如图3.5所示，介质1与介质2的折射率分别为n_1、n_2，光线从介质1的P点传播到两种介质的交界O点后，经折射进入到介质2的Q点。若入射角为θ_1，折射角为θ_2，那么，斯涅尔定律的数学表达式为：

$$\frac{\sin\theta_1}{\sin\theta_2}=\frac{n_2}{n_1}$$

斯涅尔没有从理论上推导出这个定律，但是通过多次的实验验证了它。

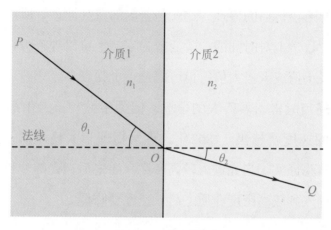

图3.5　光的折射

1637年，笛卡尔的《屈光学》一书出版，重新给出了光的折射定律，但是他在书中没有谈到斯涅尔的贡献，这很可能是他独立发现的。笛卡尔没有去做实验，他根据以下假设从理论上推导出了这个定律：

假设1：光速在较密的介质中较大。

假设2：对相同的介质，入射前后的光速之比对各种入射角都相同。

假设3：在折射时，平行于折射面的速度分量保持不变。

令人遗憾的是，其中假设1和假设3都是错误的。

笛卡尔的研究引起了法国数学家费马（1601—1665）的注意。费马根据下述两个假设也推导出了折射定律，其中第一项假设就是著名的时间最短原理。

假设1：光以最短的时间从一种介质的某一点传播到另一种介质的某一点。

假设2：进入较密介质中，光速将变小。

1662年，在时间最短原理的基础上，费马提出经过两个定点的光沿着最为平稳的路径传播的原理，这就是著名的费马原理。所谓的最为平稳的路径是指在数学上对时间的一阶变分为零，也可以理解为在光程中的关键点可以取极小值或者极大值，也可以是一个拐点。

费马原理当时曾引发巨大的争议，因为牛顿和笛卡尔都认为介质密度越大，光的速度就越快。1802年，英国物理学家托马斯·杨（1773—1829）通过实验证实，当光进入较高密度介质之后，光的波长会变短。因此推论，光进入到较高密度介质之后，速度会降低。

第4章

宇宙的运行规律

14到16世纪是人类智力活动非常活跃的时期，在欧洲，最引人注目的历史事件就是文艺复兴运动，因此，这一段近三百年的历史时期也被称为文艺复兴时期。在文艺复兴时期，欧洲由野蛮的黑暗时代演进到一个在各个领域都有新发展的时代，而这些领域的成就均超越了伟大的古文明。在天文学方面，一个最伟大的成果就是推翻了托勒密体系而建立了哥白尼体系。

毕达哥拉斯学派认为大地和天体都是圆形的，其更多的成分是猜想。而亚里士多德提出这个观点时更多依据的是观察到的事实，例如他发现月偏食时地球在月亮上的投影是圆形的。

古希腊的天文学家不仅认识到地球是圆球状的，甚至他们中的一部分人还萌发了太阳系的观念，例如天文学家阿利斯塔克（前315—前230）提出的日心说。阿利斯塔克开创了对太阳、月亮与地球距离之比以及太阳、月亮、地球三者大小之比的测量工作，在其著作《论日月的大小和距离》中，求得太阳直径比地球直径大6～7倍。大的东西不能绕小的东西转动！他很可能因此推论提出了太阳中心的假说，宇宙中太阳和其他恒星都是静止不动的，人们之所以看到它们在天空转动，乃是地球自转的结果。但是，他没有提出更多的证据，由于这种观点与当时人们的常识不相符，阿利斯塔克的日心说没有受到足够的重视。

若二十四小时内地球绕轴自转一圈，自西向东飞速地自转的话，地球的表面上将产生非常惊人的速度。地球高速自转的过程中，人们应该感觉到一股强劲的东风相当猛烈地吹在脸上；同时，因为云和飞鸟能够脱离地面而在空中停留，这时它们不是附着于地球上的，所以人们理所应当地认为云和飞鸟不会被快速旋转的地球所带动，而是飞快地向西方运动。然而，现实中并没有强劲的东风，云和飞鸟也没有飞快地向西方运动。

关于地球静止说，还有另外一个非常难以驳斥的依据。圆周运动具有离心效应，它能够把运动物体的各部分从运动中心抛散开去（只要各部分的连接不是太牢固）。如果地球以非常快的速度自转，那么，如何保持表面上的山岩、房屋和整个城市不被这急速的旋转抛向空中呢？人和野兽并不是附着在地面上，又怎么能抵抗住这么大的抛力呢？

因此，人们更愿意相信托勒密和他的支持者提出的地心说理论，即地球是宇宙的中心，是静止不动的，日月星辰这些天体总是围绕地球运动。

地心说宇宙几何模型最初是由天文学家和几何学家欧多克斯（约前408—前355）建立的，他用二十七个以地球为中心的同心球壳解释了附着于球壳上的天体运动。

较为完整的地心说宇宙模型是由托勒密提出并完善的。在他的著作《天文学的伟大数学结构》中，这个模型将宇宙设计成大球套小球，小球边上还要穿插更小球的复杂圆球体系。如图4.1所示，这个体系使得地球固定在宇宙的中心，围绕地球旋转且体积由小到大的天球依次是月亮、水星、金星、太阳、火星、木星、土星以及第八个恒星天。而且，五大行星不但围绕地球做圆周运动，还要围绕各自小球的球心做圆周运动，这样才能解释为什么观察到它们既有顺行又有逆行的现象。

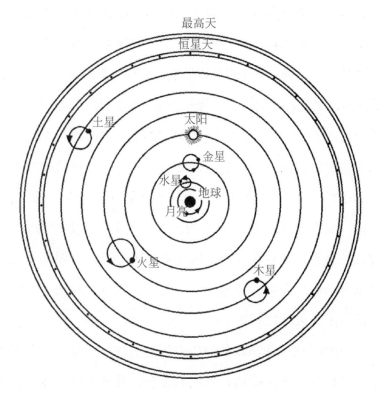

图4.1 托勒密地心说宇宙模型

托勒密体系的宇宙场景并非来自宗教信仰，欧洲基督教会势力兴起后利用和保护地心说，这已经是托勒密死后一千多年的事情了。托勒密的地心说只是基于已有天文观测数据构造出来的用以计算天体位置的一种数学模型。尽管这个模型并没有反映出宇宙的真实结构，却较为完满地解释了当时观测到的行星运动数据，还能够较为准确地预报行星在任意时刻的位置，同时还取得了在航海上的实用价值。

文艺复兴时期，托勒密体系受到来自波兰的尼古拉·哥白尼（1473—

1543）的猛烈攻击。

1483年，哥白尼的父亲去世后，哥白尼由舅父抚养。在托伦上完中学以后，哥白尼在克拉科夫大学读了三年书。在此期间，哥白尼对数学和天文学产生了浓厚的兴趣，并养成了使用天文仪器观察天象的习惯。1496年，哥白尼到了意大利，随后的十年里他先后在博洛尼亚、帕多瓦和费拉拉三所大学读书，主攻科目是教会法规和医学。在此期间，哥白尼花了大量时间研究理论天文学和实用天文学，了解到希腊哲学家阿利斯塔克的日心说。

在意大利逗留期间，哥白尼被任命为弗劳恩堡总教堂的牧师，他的舅父是这个教区的主教。回国以后，他与舅父居住在一起，直到1512年这位主教去世。哥白尼在一生中余下的三十多年里，一方面做好本职工作，参与牧师会的事务，并且在这一地区免费行医；另一方面就是阅读了大量的古代文献，构想出太阳、地球和行星运行的细节，验证了大量复杂的计算结果，撰写出《天球运行论》。

在中世纪的欧洲，基督教会的势力与王室政权并存，甚至凌驾于王室政权之上。基督教会严密控制着人们的思想，凡是不符合教会思想而另有主张的人，都会遭到压制。哥白尼从一开始就清楚地认识到了这一点，所以他年复一年、不断地修订《天球运行论》的手稿，对于是否发表这个成果总是犹豫不决。

大约在1529年，哥白尼的手稿《短论》在朋友间传阅，这本小册子很接近最后的文本，但其中所有的计算都略去了。大约在1539年，年轻的奥地利天文学家雷蒂库斯（1514—1574）来访。雷蒂库斯劝说哥白尼出版其著作，并成功地获得授权。

1540年，介绍日心说体系的小册子《概论》终于出版了，更多的人知道了哥白尼体系。三年以后，衰老多病的哥白尼终于决心将全部手稿托付给雷蒂库斯整理发表。

1543年5月，据说在印刷出来的第一本书交到哥白尼手中里几个小时以后，哥白尼就离开了人世。

哥白尼推翻了托勒密关于地球居于宇宙中心并且绝对静止的观点，在《天球运行论》中提出太阳居于群星的中央。在这无比美丽的庙堂中，它能够同时普照一切，难道还有谁能够把这盏明灯放在另一个比这更好的位置上吗？有人把太阳称为宇宙的灯或宇宙的心灵，更有人称之为宇宙的主宰，都没有什么不适当。……于是，太阳俨然高踞王位之上，管辖着围绕它运转的行星家族……

从这种排序中，哥白尼发现宇宙里具有一种令人惊异的对称性以及天球的运动和大小已经确定的和谐联系，而这是用太阳中心说以外的方法达不到的。

任何理论都需要有一个形而上学的前提，离开这个前提，理论就会失去存在的合理性。在《天球运行论》中，哥白尼依然相信宇宙是层层相套的诸天球的组合（图4.2），认为天体镶嵌在各自的天球上并跟随天球一起运动，天球的运动都是均速的、永恒的、圆形的或者复合的圆周运动。在当时，这种形而上学是合理的。若哥白尼抛弃天球假说，又该如何理解宇宙中的天体围绕着太阳这个中心做圆周运动呢？

尽管有这样或者那样的缺陷，但哥白尼体系使地球从宇宙中心的位置降到了普通行星的位置，无疑是对托勒密体系的当头一棒，极大地动摇了人类中心说的神圣地位，促使人们用全新的眼光观察世界、思考世界。哥白尼体系成为近代自然科学诞生的重要标志。

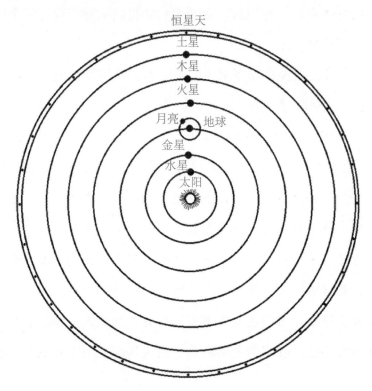

图4.2　哥白尼日心说宇宙模型

　　在《天球运行论》中，哥白尼根据自己提出的新理论编制星表，其目标是能够容易地给定太阳、月亮和行星在任何时刻的位置。但是，由于这些星表所根据的是诸天体圆周和均速运动的轨道而且观测资料又往往不可靠，其精确度因此减损。说到能够与新宇宙理论相称的星表，就必须提到伟大的天文学家第谷·布拉赫（1546—1601）所做的那些精密而系统的观测，以及天文学家约翰尼斯·开普勒（1571—1630）坚韧不拔而勇于创新的品格。

　　第谷出生于丹麦斯坎尼亚省的一个贵族家庭。1559年进入哥本哈根大学读书。1560年，他根据预报观察到一次日食，这使他对天文学产生了深厚的兴趣。1566年，他开始到各国游学，并在罗斯托克大学（今德国境内）攻读天文学。

1572年11月，他观测到仙后座一颗引人注目的新星，便使用他自制的六分仪反复测量了这颗新星与邻星的角距，不断跟踪观察其亮度及色彩的变化，直到十八个月以后这颗新星变暗到看不见为止。1573年，他将观察记录整理到论文《论新星》中发表。按照第谷的观测结果，这颗新星位于恒星区域，而按照当时公认的亚里士多德宇宙学的传统理论，该区域不可能产生新的恒星。

1576年，丹麦国王腓特烈二世（1559—1588）将汶岛赏赐给第谷，作为计划中的天文台台址，并允诺给他一笔生活费。于是，第谷在其上修建了装备精良的天文台。这是世界上最早的大型天文台，设置了四个观象台、一个图书馆、一个实验室和一个印刷厂，配备了当时世界上最先进的大型天文仪器。

1588年，腓特烈二世去世。由于新国王尚未成年，由推选出来的摄政者执政，第谷失去了丹麦王室的支持。

1599年，第谷在神圣罗马帝国皇帝鲁道夫二世（1552—1612）的帮助下，移居布拉格附近，在那里建立了一座新天文台。期间，他作出了一个足以改变世界的伟大决定，就是邀请德国青年开普勒担任助手。

开普勒曾就读于图宾根大学，1588年获得学士学位，三年后获得硕士学位。在校期间，他接触到了哥白尼的学说，成为哥白尼体系的支持者。他认为日心说所做出的各种解释都合乎逻辑，在数学上也显得更简单、更和谐。

1594年，他去奥地利格拉茨的一所中学担任数学教师，利用业余时间研究和思考，将哥白尼体系与托勒密体系进行比较，并按照柏拉图学派的几何图形观点，以球的内接和外切正多面体等模型描述太阳系各行星的轨道半径。1596年底，他将研究的结果汇编成《神秘的宇宙》一书。该书正式出版后，开普勒寄了一本给第谷·布拉赫。这本书引起了第谷对开普勒的关注，两个人开始通信，最终第谷决定邀请开普勒到布拉格会面。

1600年初，开普勒去布拉格拜访第谷，第谷热情地接待了他，并邀请他做自己的助手。刚开始，由于他们各自信奉不同的宇宙理论，合作进行得并不融洽。不久，第谷搬到布拉格市小住了一段时间，突然病倒。1601年10月，第谷去世。

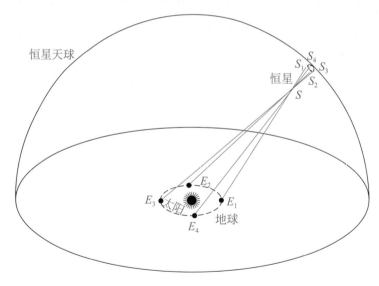

图4.3　恒星周年视差

第谷的时代还没有发明天文望远镜，但他以前所未有的精度测定了大多数重要的天文学常数。第谷信奉托勒密体系，认为地球是宇宙中心，是固定不动的，水星、金星、火星、木星和土星等五大行星都围绕太阳运动，而太阳和月球再围绕地球运动。第谷认为地动说违背了当时的天文学常识。如图 4.3 所示，如果地球围绕太阳旋转，恒星的视位置将产生周年视差移动，可是第谷本人没有观察到，第谷之前的历史上也没有人观察到这种移动。

由于恒星都非常遥远，因此测量的角度都非常小，导致恒星周年视差是很难测到的。直到 1837 年，时任柯尼斯堡天文台台长的德国天文学家贝塞尔（1784—1846）发现名为"天鹅座 61"的恒星正在缓慢地改变位置，第二年，他宣布这颗恒星的周年视差是 0.31 弧秒，这是世界上最早测定的恒星周年视差。

第谷在世的最后一年，与开普勒的合作趋于和谐。第谷指定开普勒作为事业继承人，鲁道夫二世也授予开普勒"帝国数学家"的称号。临终前，第谷把一生积累下来的宝贵的观测资料都留给了开普勒。

开普勒遵照第谷的临终嘱托，根据第谷的观测资料，集中精力编制行星运行的星表。虽然遭遇经济困难、宗教仇恨、日常杂事等诸多问题的干扰，编制星表的工作仍然不断地推进。1627 年，开普勒正式发表了《鲁道夫星表》，这样命名是为了纪念经济赞助人鲁道夫二世。这个星表比以往的星表都要精确，它列出了 1005 颗恒星的数据。直到十八世纪中叶，《鲁道夫星表》仍然被天文学家和航海家们视为珍宝。

开普勒认为某种和谐创造了世界，和谐一定隐藏在行星轨道的形状、大小以及行星沿这些轨道的运动中。作为第谷天文学研究的继承人，开普勒认真地研究了第谷对行星（尤其是火星）所做的观测记录，试图在其中挖掘出宇宙结构的简单关系。开普勒把太阳、地球和火星看成三角形的顶点，巧妙地计算出地球围绕太阳的轨道。然后，再以地球轨道为参照，试算火星轨道。他证明了无法取圆周作为火星的轨道，于是采用托勒密体系的偏心圆方案，并且找到了一组比较符合第谷观测数据的偏心圆参数。但是，开普勒发现第谷的观测数据揭示了托勒密的理论计算有8弧分（约0.133°）的误差，在当时的观测仪器和观测水平的限制下，大多数天文学家都会对这个误差忽略不计，但是开普勒坚信第谷观测的精度，而以一种罕见的科学严谨性认为这个误差不能被忽视。所以仅仅这8弧分的误差就已表明天文学彻底改革的道路。于是，开普勒果断地放弃了偏心圆方案。他开始大胆地思考，并改用其他不同的几何曲线。最终，他发现火星沿椭圆轨道围绕太阳运行，太阳位于椭圆的一个焦点上，这就是著名的开普勒第一定律（椭圆定律），如图4.4所示。

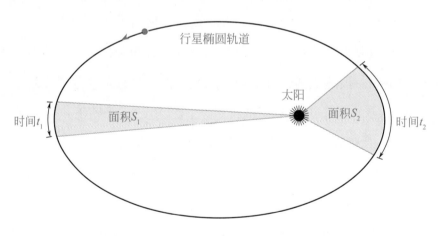

图4.4　开普勒的第一和第二定律

开普勒发现了火星的轨道是椭圆的，这个发现修正了哥白尼体系中的缺陷，使得理论与观察更加符合。这也意味着开普勒必须抛弃传统的天球假说，相对应地建立一个新概念，使宇宙能够重新联结成一体。这个新概念是什么呢？就是天体间普遍存在着吸引力。天体之间普遍存在的吸引力是什么呢？开普勒猜想它有可能类似于威廉·吉尔伯特（1544—1603）提出的地球磁力。1600年，英国女王伊丽莎白一世的私人医生吉尔伯特出版了《磁石论》，这是历史上第一部系统介绍磁学的专著。吉尔伯特根据所发现的磁力现象，建立了一个理论。在吉尔伯特看来，宇宙力无非就是磁力。他设想整个地球是一块巨大的磁石，上面为一层水、岩石和泥土覆盖着，地球磁力一直延伸到天上，使地球和宇宙融合为一体。

开普勒进一步研究发现，火星距离太阳越远，相对于太阳的运行速度就越快。于是，他总结出开普勒第二定律（面积定律），即在同样的时间内，火星中心到太阳中心的连线在轨道平面内扫过的面积相等，如图4.4所示。

1609年，开普勒出版《新天文学》（又名《论火星的运动》）一书，公布了椭圆定律和面积定律。在这本书中，开普勒特别地指出，这两条定律除了适用于火星之外，也适用于围绕太阳运行的其他行星以及围绕地球运行的月亮。

接下来，开普勒继续寻找不同行星之间的共同属性，为此，他花费了九年的时间。他尝试了各种可能性，例如考虑各行星轨道和几何中正多面体之间的关系等，但都以失败而告终。最后，开普勒很偶然地把不同行星的公转周期（T）及它们与太阳的平均距离（R）排列成一个表（表4.1），以探讨它们之间存在什么样的数量关系。其中：星日距离的单位为天文单位，即太阳和地球之间的平均距离，大约为15,000万公里；行星公转周期的单位为年，是地球绕太阳运转一周的时间。

表4.1　行星公转周期与星日距离的关系

行星名称	公转周期（T）	星日距离（R）	周期平方（T^2）	距离立方（R^3）
水星	0.241	0.387	0.058	0.058
金星	0.616	0.723	0.379	0.378
地球	1.000	1.000	1.000	1.000
火星	1.882	1.524	3.542	3.540
木星	11.862	5.203	140.707	140.852
土星	29.457	9.539	867.715	867.978

由此，他总结出了开普勒第三定律（周期定律），即沿以太阳为焦点的椭圆轨道运行的所有行星，其各自椭圆轨道半长轴的三次方与周期的二次方之比是一个常量。

1619年，开普勒在《宇宙谐和论》一书中公布了周期定律。在书中，开普勒讲述了他的发现之旅。在黑暗中进行了长期的探索，借助布拉赫的观测，我先是发现了轨道的真实距离，然后终于豁然开朗，发现了轨道周期之间的真实关系。……这一思想发轫于1618年3月8日，但当时试验未获得成功，又因此以为是假象所以搁置下来。最后，5月15日来临，一次新的冲击开始了……思想的风暴一举扫荡了我心中的阴霾，我以布拉赫的观测为基础进行的17年的工作，这些与我现今的潜心研究之间获得了圆满的一致。

开普勒定律对太阳系中各行星轨道的描述基本上都是正确的，它们是天体在宇宙中运行必须遵守的法则，后世学者因此尊称开普勒为天空立法者。

第 5 章

时间的精确测量

与开普勒同时代的伟大思想家还有一个人必须提及，那就是伽利略（图5.1为伽利略肖像）。伽利略生于意大利的比萨，在中学时就表现出极其勤奋的品格以及独立思考的能力。他的父亲计划让他当医生，所以1581年伽利略进入比萨大学学习医学。

1583年的一天，伽利略到比萨大教堂做礼拜。当时，司事正在给中厅穹顶的大吊灯加注燃油，操作时不小心碰到构件，整个吊灯摇晃起来。刚开始，吊灯的摆动幅度较大，移动的速度比较快；后来，摆动幅度变小，速度也慢下来了。伽利略按着脉搏，根据其次数发现吊灯的摆幅尽管先大后小，但往返一次的完整摆动耗用的时间却基本相同。

回到家中，伽利略继续做类似的实验。他用绳子的一端系住重物（称为摆锤），另一端系在固定的横杆上（两端间的绳子长度称为摆长），并让摆锤悬空，制作成了世界上第一个单

图5.1 伽利略肖像

摆（图5.2）。他通过实验发现：如果摆长保持不变，只要摆动角度不是太大，那么它的摆动周期与摆动角度（摆幅）大小无关，与摆锤的重量也无关。这被称为伽利略关于摆的等时性原理。

到这时，医学已经无法激发伽利略的热情，奇妙的物理更能吸引他。经过与父亲的据理力争以及大学老师的协助，伽利略从医学学科转向数学和物理学。世界上自此少了一位医生，却多了一位物理学家，而这位伟大的物理学家改变了全世界。

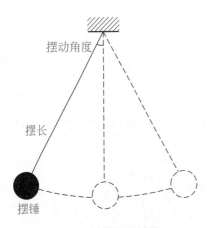

图5.2　单摆及其结构

图5.3　清华大学校园内的日晷

测量时间的装置被称为时钟。如果没有时钟，人类就无法建立时间观念。时钟为人们安排生活的节律，告诉人们何时起床、何时工作或学习、何时参加约会等。人类最早是利用太阳来测量时间，例如一天中的日出、正午和日落等。有人在地上立了一根木棍，通过木棍在地面上投影的位置来标记一天的时刻。这种时间装置在古代中国和埃及都已经相当普及，称为日晷（图5.3）。

显然，在夜晚和阴雨天，日晷无法正常工作。为了弥补日晷功能上的不足，人们发明了漏壶。利用水流计时的漏壶称为水钟。水钟的发明年代已经不可考，最早的文献记载见于中国的《周礼》，古埃及、古巴比伦等文明也有使用水钟的记录。最初，人们发现破损的陶器中的水能够从裂纹中一滴一滴均匀地漏出来，于是专门制造了一种留有细孔的漏壶，把水注入漏壶内，让水从细孔中缓慢而均匀地流出，另外再用一个容器收集漏下的水，由漏下的水量就能知道具体的时刻。公元前250年，阿基米德在收集水的容器里安装了一个浮子，并且将浮子连接到一个齿轮传动装置，随着水面高度的变

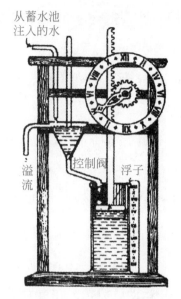

图5.4　水钟的结构示意图

化，浮子就会带动指针在钟面上转动，如图5.4所示。

水的洁净程度、环境温度都可能影响计时的精度，而且在天气寒冷时，水还会结冰。总之，水钟的缺陷还是很明显的，因此沙漏就应运而生，沙漏依靠漏壶中流出来的细沙数量来记录时间。

约公元1100年，机械时钟出现，成为日晷和漏壶的替代品。机械时钟不再依靠水流或者细沙，而是通过作用于轮轴凹槽内悬挂重物的恒定拉力来实现计时的目的，重物的拉力会通过一个滑轮组传递给钟面上的指针。无论机械时钟的设计多么复杂，其核心就是让中心轮轴尽可能地匀速转运，而擒纵机构就是为实现这个目的而设计的。

大约在150年的时间间隔内，中国和欧洲分别独立地发明了应用擒纵机构的机械时钟。公元1092年（北宋元祐七年），苏颂负责设计制造的水运仪象台竣工。这是一座利用水轮驱动的自动天文机械钟，它巧夺天工的

构造使得各个机构的运转都保持一定的速度，并且与天体的运行相一致。约公元996年，法国本笃会修士吉伯特（即后来的罗马教皇西尔维斯特二世）监造了一座拥有齿轮与平衡锤系统的机械时钟，它每到整点都会敲一声钟。

如图5.5所示，这是早期出现的，以重力为驱动力的擒纵机构。要想利用自由下落的重物作匀速运转钟表的驱动装置，就必须克服重力加速度对下落重物的影响，而只有持续对下落运动减速才能达到这一目的，这就是擒纵机构的作用。它的主要部件是冠轮和心轴。通过绑在下落重物上的绳索，冠轮因重物下落而转动，然后与心轴一侧的擒纵叉啮合，从而暂时停止运动。但是，在重力矩的作用下，冠轮又会开始运转，冠轮一侧的斜面使擒纵叉得以释放，这样就转动了心轴，随后擒纵叉与冠轮的轮齿啮合，重物下落再次停止运动，这个过程周而复始。不过晚些时候出现的时钟，其驱动力由螺旋弹簧提供，但是擒纵机构的运行原理都是类似的。

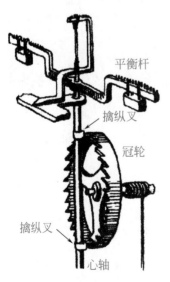

图5.5 早期出现的擒纵机构

早期的机械时钟体型都十分巨大，制造和维护都需要一笔不菲的费用，最初只能在教堂等公共建筑物中使用。公元1335年，米兰子爵建造了一座著名的城市公共时钟。它通过敲出一定次数的钟声来指示时间，通知周围村镇的居民。不久，其他城市如意大利的帕多瓦（1364年）和英格兰的瓦林福特（1368年）等纷纷仿效，也制造了提供公共服务的机械时钟。当机械时钟的体型变得足够小的时候，它开始进入到家用领域。在当时，只有那些非常富有的贵族才能够用得起时钟。时钟已经变成了财富和权势的象征，装饰得极端奢侈豪华，但是计时精度却非常差，一天的误差有半个小时甚至更多。

测量时间的关键就是发现自然界中固有的周期性过程。自然界中有许许多多的周期性过程，其中一些很早就被用来当作计时的标准，例如：春夏秋冬的完整轮回称为年；太阳升起和落下，白天黑夜的交替称为天；月亮的一个完整的盈亏周期称为月；等等。早期时钟都通过各种方式尽可能地确定均衡速率的状态，尽管机械装置的设计创意过人，巧妙非凡，但缺乏固有的周期相等的物理过程。精准计时对于早期的人类活动没有什么影响，但是随着欧洲文艺复兴后科学技术的飞速发展，对时间的精确测量变得非常必要。

单摆的等时性原理使制造走时精准的时钟成为可能。伽利略晚年曾发明了一种用钟摆来计量时间的方法，钟摆由于自动作用的冲力维持运动，摆动次数则用齿轮等机械装置记录在一个刻度盘上（图5.6）。公元1636年，伽利略虽然双目已经失明，但是仍然向荷兰政府提出试制摆钟的建议，却没有得到批准。

1667年，在伽利略去世十四年以后，根据这位伟大科学家的设计方案制造的钟摆校准器问世，并被安装到佛罗伦萨韦奇奥宫西面的四方钟楼里。这个大钟现在还保留着，而且相当准，每周的误差不超过一分钟。

图5.6　伽利略设计的摆钟

利用单摆的周期性制作时钟，这个想法在很早之前就出现了，但直到伽利略发现了单摆的等时性原理以后，其特点才开始凸现出来。

　　图5.7为1670年前后出现的锚状擒纵机构示意图。支承擒纵轮的轮轴通过悬挂重锤的绳索或者螺旋弹簧来提供驱动力。轮轴旋转的速率通过与钟摆连接的锚状支承上的擒纵钩进行调节。钟摆以恒定的频率自由摆动，并因此确保擒纵轮能够依据预先设定的速度旋转，发出经典的滴答声。每当擒纵钩和擒纵轮进行啮合时，擒纵轮上的扭矩会对固定在锚状支撑上的擒纵钩施加一个微小的驱动力，使得钟摆不会因为受到摩擦力的影响而慢慢停止。

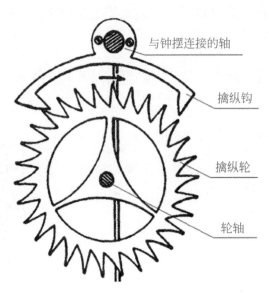

与钟摆连接的轴

擒纵钩

擒纵轮

轮轴

图5.7　锚状擒纵机构

　　1656年，荷兰科学家克里斯蒂安·惠更斯（1629—1695）完成了伽利略的遗愿，他制造了一座利用钟摆替代重力齿轮的机械摆钟，极大地提高了时钟的计时精度。惠更斯通过实验发现，钟摆的摆动周期与钟摆长度的平方根成正比。这样，调整钟摆的周期就变得有理论指导了，只需要把悬挂重锤的位置抬高或者降低就可以准确地实现。

惠更斯发现摆的等时性是有限制的，只有当钟摆的摆角小于5°时，钟摆的周期才能近似相等。当普通的钟摆的摆角大于5°时，它的摆动周期就会发生改变，从而影响时钟的走时精度。如图5.8所示，经过深入研究，惠更斯发明了一种摆线型的钟摆悬架，使钟摆沿着摆线摆动，这时钟摆的周期与摆角的大小无关，并且能够实现对摆动频率的校正。到此时，能够真正精确计时的摆钟终于诞生了，它被严格的物理定律控制着，在接下来的数百年内发挥着极为深远的影响力。

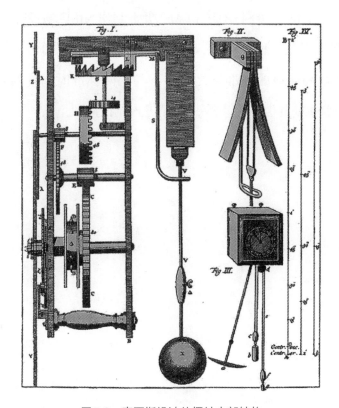

图5.8　惠更斯设计的摆钟内部结构

1673年，惠更斯开始了关于简谐振动的研究。惠更斯和胡克各自独立地发现了螺旋式弹簧丝振荡的等时性，为近代游丝怀表和手表的发明创造了条件。

制造出更精准时钟的方法之一就是提高它的振荡频率。振荡频率越高，时钟就越准确。目前世界上最准确的计时工具是原子钟，它基于的标准是微观的原子内部的共振。

1967年，第十三届国际计量大会委员会定义：秒是铯133原子基态的两个超精细能级间在零磁场下跃迁辐射9,192,631,770个周期所持续的时间。

2010年，中国计量科学研究院成功研制出NIM5铯原子喷泉钟，实现了2000万年不差一秒的精度，达到世界先进水平。2014年8月，NIM5成为国际计量局认可的基准钟之一，参与国际标准时间的修正。下一代NIM6将达到6000万年不差一秒，已经进入调试阶段。

第 6 章

自然运动的规律

在近代物理学诞生之前，亚里士多德为欧洲人提供了自然观。亚里士多德提出地球是静止不动的，处于宇宙的中心，地球之外有九层天，每层天都是以地球为中心的圆球，天体都附着于天球的内表面上。九层天依次环套，分别是月亮天、太阳天等。他认为月亮的盈亏是地球不同程度地遮蔽了月亮形成的，再根据月亮上的阴影推测出地球是一个圆球。

亚里士多德称物体的运动为位置运动。他认为，空间各向同性，无限广延。宇宙中的任何物体都具有其固有位置。物体如果处于固有位置，就继续保持稳定而静止的状态。一旦受到外力的作用，物体就会移动到其他位置上，这样的运动称为强制运动；一旦外力消失，物体便开始返回到固有位置，这样的运动称为自然运动。

亚里士多德在其著作《论生成和消灭》第二卷中，根据人的触觉确定了冷与热、干与湿这两对相互对立的性质，其中第一对是能动作，第二对是能承受。他认为，既然元素有四种性质，那么这四种性质可以构成六对（热与干、热与湿、热与冷、冷与湿、冷与干、干与湿），但是对立面自然地不能结合成对（因为同一事物不可能既热又冷或既干又湿），那么很清楚，元素性质的结合只有四对，即热与干、热与湿、冷与湿、冷与干。然后，他开始为这四种基本性质寻找物体的载体。如图6.1所示，热与干附着于火，热与湿附着于气，湿与冷附着于水，冷与干附着于土。

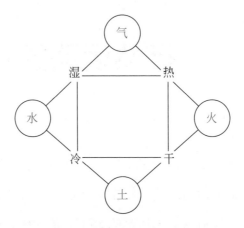

图6.1　基本元素及基本性质

构成物体的基本元素的性质造成它们属于各自的处所。火的性质干而热，重量最轻；气的本性热而湿，在火的下面；然后是水，它的本性冷而湿；最下面的是土，土的本性冷而干，最重。火、气、水、土四种元素构成了人们能够看见的日常世界。热和冷的性质决定了物体的轻重，轻者向上，重者向下。土和水相对较重，其自然运动就是向下，当到达地面时，便归于固有位置，就稳定了。火和气相对较轻，其自然运动就是向上，到达月亮天，便归于固有位置，就停止了。

亚里士多德认为宇宙中的自然运动除了这种有始有终的上下运动以外，还有一种无始无终的圆周运动。他曾对埃及、巴比伦以及希腊的历史文献进行了详细研究，从没有发现月亮以上的天体或者它的任何一部分发生过生成与消灭的变化，他本人也从来没有观测到这些变化。天体的圆周运动是永恒的。既然是永恒的，就一定是自然运动，而不可能是强制运动。既然天体的圆周运动是自然运动，它们的组分必然与地面上的物体有本质的区别，不可能由火气水土四元素中的任何一种或者几种混合而成，必须引入第五种元素。被引入的第五种基本元素是以太，以太无轻无重，既无生成也不消灭，数量和性质都永恒不变。

月亮以上的世界被称为月上界，月上界是由以太构成的存在世界，是完美而神圣的，是摆脱了一切变化的，是永恒的。月亮以下的世界被称为月下界，月下界是由四元素构成的生成世界，有始有终，有生有灭，不是永恒的。亚里士多德认为生成世界中存在着大量的介质，例如空气和水等，物体的运动必然脱离不了这些介质的影响，例如将石块和羽毛从高处同时抛下，石块会很快地下降到地面，而羽毛则会缓慢地飘落。亚里士多德认为物体下落的快慢是由物体的重量决定的。物体越重，下落得越快；反之，则下落得越慢。

1589年的某一天，意大利年轻的大学讲师伽利略决定用直接的实验证据来否定亚里士多德的落体理论。他来到了比萨斜塔。比萨斜塔是比萨城大教堂的独立式钟楼，从地面到塔顶高55米。比萨斜塔始建于1173年，开工后不久，就因为地基的原因倾斜。1372年完工时，塔身已经明显向东南倾斜。伽利略登上塔顶，将一个重一百磅和一个重一磅的铁球抓在手中，让它们同时落下，实验证明两个铁球同时落地。他的学生维维安尼在《伽利略传》中写道："在有其他教授、哲学家和全体学生在场的情况下，从比萨塔楼的最高层重复做了多次实验。"后来，伽利略的比萨斜塔实验被誉为历史上最美的物理实验之一。

虽然当时欧洲人普遍接受了亚里士多德的自然观，但是并非对他的任何观点都言听计从，很多人都对他的落体运动理论提出了批判。但是，这些人根据的都是物体运动的一般规律，从来没有做过实验来进行验证。伽利略的伟大在于他强调实验的方法，主张用实验结果来排除一切怀疑。

近年来有些研究者对关于伽利略的生平传说表现出质疑：维维安尼撰写的伽利略传记可信吗？伽利略真的当着众多教授和学生的面在比萨斜塔上做过实验吗？

在《关于两门新科学的对谈》一书中，伽利略记录了这样的对话：

萨耳维亚蒂：……我大大怀疑亚里士多德是否曾用实验来验证过一件事是不是真的，那就是，两块石头，一块重量为另一块重量的10倍，如果让它们在同一时刻从一个高度落下，例如从100腕尺❶高处落下，它们的速率会很不相同，以致当较重的石头已经落地时，另一块石头还下落不超过10腕尺。

辛普里修：他的说法似乎表明他曾经做过实验，因为他说我们看到较重的……喏，看到一词表明他曾经做了实验。

萨格利多：但是，辛普里修，做过实验的我可以向你保证，一个重约一二百磅或更重一些的炮弹不会比一个重不到半磅的步枪子弹超前一手掌落地，如果它们两个同时从200腕尺高处落下的话。

稍后，萨耳维亚蒂还谈到了一个著名的思想实验：如果一块大石头以速率8运动，而一块较小的石头以速率4运动，那么当它们被连接在一起时，整体就将以一个小于8的速率运动。但是当两块石头被绑在一起时，那就成为一块比以前以速率8运动的石头更大的石头。这个更重的物体就是以一个比较轻物体的速率更小的速率运动的。这是一个和较重物体比较

---

❶ 腕尺是一种长度单位，1腕尺相当于20英寸，大约50.8厘米。

轻物体运动更快的假设相反的效果。

如果伽利略没有在高塔上进行过自由落体实验，仅靠想象是很难在以上的讨论中提出正确的观点的。因此，很多历史学家倾向于比萨斜塔实验真实发生过。

伽利略希望知道自由落体遵循着什么样的数学规律。自由落体的下落速度太快，很难对它进行记录，所以，伽利略想要一个实验装置，使物体的速度可以减慢下来，同时能够直接地总结出自由落体的运动规律。于是，他设计制作了一个斜面装置，让一个球沿光滑的斜面滚下来。斜面的角度越陡，球滚落得就越快；当斜面与水平面垂直时，球就成为自由落体。19世纪早期的斜面实验装置如图6.2所示。

图6.2　19世纪早期的斜面实验装置

伽利略进行斜面实验的时间大约在1604年。30多年后，伽利略在《关于两门新科学的对谈》中，描述了实验的具体情况。他取来一块木板，长约12腕尺，宽约0.5腕尺，厚约三指。在木板表面挖出一道一指多宽的槽。这道槽十分平直和光滑，在很好地抛光以后，还在上面铺上了羊皮纸，使之尽可能光滑。让一颗硬的、光滑的和很圆的青铜球沿这道槽滚落。将木板的一端支起，使之比另一端高约1腕尺或2腕尺，从而使得槽有一个倾斜的角度，然后让铜球沿着斜槽滚落，同时记录球体落到斜槽底部的时间。重复进行这个实验，以便将时间测量得足够精确，并要求每次记录的偏差不超过脉搏跳动时间的1/10。完成了这种操作并相信了它的可靠性以后，就让球只滚动槽长的四分之一，也测量了下降的时间，发现这恰恰是前一次滚动的时间的一半。其次，试用了其他的距离，把全长所用的时间和半长所用的时间或四分之三长所用的时间（事实上是和任何分数长度所用的时间）进行了比较。这种实验重复了约一百次，伽利略发现所通过的距离的比值永远等于所用时间平方之比。

当时，能够精确计时的摆钟还没有被发明出来，伽利略使用的计时装置是水钟。为了测量时间，应用了放在高处的一个大容器中的水，并在容器的底上焊了一条细管，这条细管可以喷出一个很细的水柱。在铜球每一次的下降中，他把喷出的水收集在一个小玻璃杯中。不论下降是沿着木槽的全长还是沿着它的长度的一部分，在每一次下降以后，这样收集的水都用一个很准确的天平称量。这些重量的差和比值，就给出了下降时间的差和比值。

斜面实验的结论可以用来解释自由落体的运动规律。在《关于托勒密和哥白尼两大世界体系的对话》（以下简称《两大世界体系的对话》）中，伽利略对斜面实验的情况进行了介绍。

首先我们必须想一想，落体的运动并不是均匀的，而是从静止开始便不断地在加速。这是当时所有人都知道而且观察到的事实。

伽利略发现，重物体下落时直线运动的加速度是按照从1开始的奇数进行的。就是说，只要你把时间分为若干相等的段，那么在第1段时间内物体从静止到运动经过1厄尔❶的距离，在第2段时间内它将通过3厄尔的距离，在第3段时间内将通过5厄尔的距离，在第4段时间内将通过7厄尔的距离，并且根据奇数的顺序继续这样加速下去。

总之，这等于说，物体从静止开始所经过的距离，同经过这段距离所需要的时间的平方成正比例。也可以说，经过的距离与时间的平方成正比例。

这是人类历史上对自由落体运动规律的第一次描述。通过实验数据伽利略发现自由落体运动是匀加速运动，写成现代的数学公式就是：

$$S = \frac{1}{2}gt^2$$

式中，S为距离；t为时间；g为重力加速度。

伽利略关于运动学的另一项重要贡献就是运动合成的思想。下面一段话摘自伽利略的《两大世界体系的对话》一书。书中的两位主要人物萨耳维亚蒂和辛普里修正在对从行船的桅杆顶上落下的石头和从竖立在地球上的塔顶落下的石头问题进行争论。

萨耳维亚蒂：亚里士多德说，地静说最可靠的论据是凡垂直向上抛出的物体即使抛得极高，都会沿原路线垂直地回到同一地点。他论证说，如

---

❶ 1厄尔，古尺名，等于45英寸，约114.3厘米。

果地球在运动，这种情况就不可能发生。因为抛出物在向上和向下运动这一段时间内离开了地球；由于地球旋转，抛出点将会向东移动很长一段路，而这一段路就是抛出物的落地点与抛出点相隔的距离。所以，这里就可以引用大炮向上发射的事例作为论据，它也与亚里士多德和托勒密所用的其他一些论据一样，即我们观察到重物是从高空沿垂直于地球表面的直线落回地面的。现在我可以着手解开这些疑团了。请问你，辛普里修，要是有人想否定托勒密和亚里士多德的这个论据，为了解决这个争执，他会用什么办法来证明自由落体是沿直线向地球中心落下的呢？

辛普里修：凭感觉，感觉使我们确信塔或其他高处是垂直于地面的，感觉向我们表明，落下的石子是丝毫不差地沿着塔的边沿笔直落下来的，并停在我们让它下落地点的正下方。

萨耳维亚蒂：但是，要是地球碰巧在转动，当然它也必然带动了塔身，而且落下去的石子同样地在塔的边沿擦过，那么它的运动又该是怎样的呢？

辛普里修：如果这样，那就得说"它有两种运动"，因为一种是它的自上而下的运动，另一种是它跟着塔身一起的运动。

萨耳维亚蒂：那么这运动就是两种运动合成的结果。一种运动沿着塔身，另一种运动跟着塔身。这种现象说明石子的运动轨迹并不是完全笔直的垂线，而是一条斜线，多半不是笔直的。

辛普里修：是否笔直我不知道，但我很清楚这该是一道斜线，并且不同于地球静止时石子下落轨迹所作的笔直的垂线。

萨耳维亚蒂：所以你看，除非你首先假定地球是静止不动的，否则仅仅靠观察落下的石子沿塔身下落，你还不能确定地说它是一道笔直的垂线。

辛普里修: 一点不错!因为要是地球运动的话,石头的运动就会是倾斜的而不是垂直了。

萨耳维亚蒂: 对了,这就是你自己发现的亚里士多德和托勒密显而易见的谬误,他们把需要加以证明的东西当作已知的了。

亚里士多德将运动划分为自然运动和强制运动,这两种运动形式是相互对立的。按照这个理论,水平方向的运动与垂直方向的运动不可能混合在一起。伽利略运动合成的思想(如图6.3所示)打破了这种思想束缚。在《关于两门新科学的对谈》中,正如萨耳维亚蒂所说:门现在被打开了,第一次向着一种新方法打开了。这种新方法带来为数很多的奇妙的结果,它们在将来将吸引其他思想家的注意。

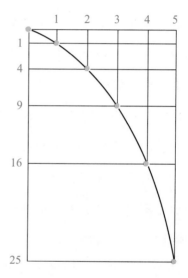

图6.3 水平和垂直方向的运动合成

在《两大世界体系的对话》中,萨耳维亚蒂提出了一个非常重要的船舱实验,这个实验所阐述的就是伟大的惯性原理,它是解开地球是否在运动这个问题的钥匙。为了指出过去引述的那些实验全然无效,他介绍了一个非常容易检验的方法。设想把你和你的朋友关在一条大船甲板下的主舱里,再招来几只苍蝇、蝴蝶以及诸如此类的小飞虫。然后拿一只盛满水的大碗,里面放几条鱼;将一只瓶子倒挂起来,让它可以一滴一滴地将水滴入下面的另一个宽口罐中。于是，在船静止不动时，可以看到这些小飞虫都以同样的速度飞向房间各处，看到鱼毫无差别地向各个方向随便游动，又看到水滴全部落到下面的宽口罐中。而当你把东西扔向朋友时，只要他和你保持一定的距离，你向某个方向扔时不必比向另一个方向扔用更大的力。如果你以双脚同时离地的方式跳远，无论向哪个方向都跳得同样远。如果船上情况不变，而让船以任意速度前进，只要船的运动是匀速的，也没有忽左忽右地摆动，你将发现所有上述现象丝毫没有变化，也无法根据其中任何一个现象来确定船是运动还是停着不动。即使船运动得相当快，你在跳跃时将和以前一样，在船底板上跳过相同的距离，你跳向船尾也不会比跳向船头来得远，虽然你跳到空中时，脚下的船底板向着你跳的相反方向移动。你把什么东西扔给同伴，不论他在船头还是在船尾，只要你自己站在对面，并不需要用更多的力。水滴将像先前一样滴进下面的罐中，一滴也不会滴向船尾，虽然水滴在空中时，船已行驶了数米远。鱼在大碗中游向前部所用的力，不比游向后部来得大，它们悠闲地游向大碗任何地方的食饵。最后，蝴蝶和苍蝇将继续随便地到处飞行，绝不会向船尾集中。它们并不因为可能长时间留在空中而脱离了船的运动。如果点根烟，则看到烟向上升起，而不向任何一边移动。所有这些现象在于船的运动是船上一切事物共有的，也是船上的空气共有的。

在封闭的船舱中，做任何力学实验都不可能判断出这只船是停泊在港口还是匀速行驶在海上，这种说法现在称为相对性原理。

1640年10月，法国科学家皮埃尔·伽桑狄（1592—1655）在海军的一艘船的甲板上做了一个实验。在该船达到最高速度之后，人们发现，无论是从桅杆扔下石头还是向空中抛掷石头，石头都会落到桅杆脚旁，而不是后面较远的船尾上。

　　1905年，瑞士伯尔尼专利局青年雇员爱因斯坦（1879—1955）将伽利略的相对性原理推广到在一个做匀速直线运动的参考系中观察电磁现象的情况，他由此提出了狭义相对论。

第 7 章

望远镜带来的新发现

1604年10月，一颗明亮的新星忽然出现在蛇夫座方向，引起了伽利略的注意。通过肉眼连续观测，伽利略证实这颗新星是一颗正在诞生的恒星❶，而不是地球上出现的某种大气现象。

1608年的某一天，荷兰眼镜制造商汉斯·里帕席的孩子在窗台上玩耍时，无意中将两片透镜前后重叠。透过这组镜片望出去，远处的景物被神奇地放大了！他兴奋地将自己的发现告诉了里帕席。里帕席重复了上面的操作，也清晰地看到了远景。这激起了里帕席深厚的兴趣。经过一系列的实验，里帕席制造出了能够观看远景的装置，并且向政府提交了这个装置的发明专利申请。海牙的官方文件表明，1608年10月，国会审议了这个申请，但是没有批准。

荷兰人发明了望远镜的消息在欧洲被迅速传播，据说在1608年年底，德国的市场上就有荷兰的望远镜出售。

1609年，意大利的伽利略听到了关于望远镜的消息。据伽利略本人

---

❶ 后人称这颗恒星为开普勒超新星，距离地球大约1.3万光年。世界各国均有观测记录。

回忆，他听到传闻说一位荷兰人精心制造了一部光学仪器，借助于它，尽管物体离观察者的眼睛很远，看起来也和近在眼前那样清楚。关于这个奇迹的一些故事已经到处流传，有人相信，也有人怀疑。几天后，法国人巴道维尔从巴黎给他来了一封信，使他坚信确有其事，这成了他要全力去研究光学理论，并发明一部同样仪器的原因，他很快达到了目的。他先准备好一只铅管，其两端安装两块玻璃透镜。两块透镜都有一面是平的，至于另一面，有一块是凹的，另一块是凸的。1609年，伽利略制造出了一台天文望远镜，这成为人类文明史上重要的里程碑，现代天文学也由此发轫。

伽利略望远镜是一种结构简单的折射装置。物镜是凸透镜，用来聚集光，目镜是凹透镜，将物镜所产生的图像放大，其放大倍率等于物镜焦距与目镜焦距的比值。伽利略制造的第一架望远镜能将远处物体放大3倍。经过改进，他又制成一架直径4.4厘米、长1.2米的望远镜，能将远处物体放大33倍。为了满足天文观测的需要，伽利略不懈努力，不断研制放大倍率更高的望远镜。

伽利略望远镜（图7.1）在原理上与荷兰望远镜没有什么本质不同，但是由于他掌握了更多的光学知识，他比荷兰人制造的质量更好。伽利略曾去过威尼斯，把亲自制作的望远镜借给别人观看。当时成为一大盛况，许多贵族和元老院议员，虽然年纪很大，也登上威尼斯的最高教堂塔顶去观看海面，用望远镜可以看见进入港口

图7.1　伽利略制造的天文望远镜，现保存于佛罗伦萨博物馆

之前两小时的船队。

关于天文望远镜的消息传遍了欧洲，这种设备受到了普遍欢迎。例如英国的数学家托马斯·哈里奥特（1560—1621）就马上购买了一支天文望远镜。1610年他观察到木星的卫星，时间差不多同伽利略一样早。

听闻伽利略应用天文望远镜得到新发现以后，开普勒也专门借来了一架进行研究。1611年，他出版了《折光学》一书，这是阐明望远镜理论的较早著作。由于开普勒没有折射定律的数学表达式，只能对望远镜原理作近似的经验表述。开普勒设计了一种改进型的望远镜，现在被称为开普勒望远镜。开普勒望远镜的目镜为凸透镜，而物镜也是凸透镜。虽然成像是上下、左右颠倒的，但是与伽利略望远镜相比，视野较宽，容易设计出更大的放大倍率。

伽利略望远镜和开普勒望远镜都属于折射式望远镜。简单的透镜组合会由不同颜色的光的折射率不同导致观测到的图像带有彩色边缘，模糊不清，而且透镜的焦距越短，上述缺陷越严重。于是，人们开始追求望远镜的长度。一个广为人知的实例是波兰天文学家、月面学的创始人约翰内斯·赫维利乌斯（1611—1687）制作了一只焦距达45米的无筒望远镜。

伽利略首先应用天文望远镜考察了月亮，他发现月亮的表面不完全是光滑的，既不平坦也不完全是球形的，不像许多学派的哲学家对月亮和其他天体所设想的那样。正相反，它充满了凹凸不平，满是窟窿和隆起的疙瘩，就像地球本身一样，到处布满了高山深谷。由此，他知道宇宙天体并非尽善尽美，月亮以及其他天体和地球一样，都有着一个真实存在的世界。图7.2为1610年出版的《星际信使》一书中伽利略绘制的月亮表面。

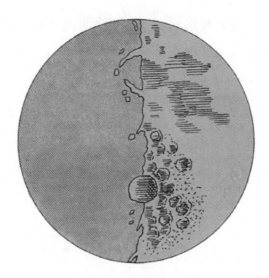

图7.2 伽利略绘制的月亮表面

他又观察了行星。行星看起来完全是圆形的，就像用圆规画出来的一样。它们好像是许多小月亮，完全明亮并呈现为球形。但是恒星用肉眼看起来没有一个圆形的周边，而是更像一团火，它们向各个方向射出光线，非常明亮；用望远镜观察时，形状完全和直接用肉眼观察它们是一样的。

1610年1月，伽利略利用自制的天文望远镜观察了木星，并且发现了木星的周围有卫星的存在。在同年出版的《星际信使》一书中，他介绍了详细的过程。在木星的周围有三颗小星（分别是木卫一、木卫二、木卫三），虽小但很明亮。刚开始他相信它们是恒星一类的，但是使他觉得有些奇怪的是它们似乎恰好排列在一条平行于黄道的直线上，东方有两颗星，西方有一颗星，比其余那些同它们一样大的星都更亮。仿佛命中注定似的，他在1月8日再次观察这部分天空时，发现了很不相同的景象：这次是三颗小星全在木星的西边，比前一夜彼此靠得更近了。于是，他得出了结论：天空中有三颗星在木星周围运行，正像金星和水星围绕太阳运动一样。同年3月，他又观察到了木星的第四颗卫星。伽利略在《星际信使》中对木星卫星的观测记录见图7.3。

Original Configurations of Jupiter's Satellites observed by Galileo in the months of January, February, and March 1610, and published with the 1st edition of his book SIDEREUS NUNCIUS, Venice,1610.

FIG.	DATE.	EAST.	WEST.
1	Jan.　7	• ● ○	•
2	8	● ○	• •
3	10	• • ○	
4	11	• • ○	
5	12	• • ○	•
6	13	• • ○	• •
7	15	○	• • •
8	15	○	• • •
9	16	• ○ •	•
10	17	• ○	•

图7.3 《星际信使》中对木星卫星的观测记录

后人将木星的这四颗卫星统称为伽利略卫星。有四颗星体围绕着木星，而不是围绕地球，并且证据确凿。这是对托勒密体系的致命一击，并且让更多的人开始相信哥白尼。

1610年8月，伽利略在写给开普勒的信中提到了这件事情：

你是第一，甚至可以说是唯一一个在做了短暂的研究之后，就对我的声明给予肯定的人！这充分展示了你广阔的思路和极高的智慧。虽然大众不承认木星周围有行星（指木星的卫星）存在，甚至一些大人物也对此表示反对，但我们绝不该为此烦恼。

就让木星稳稳地运行在天空之中吧，让那些阿谀奉承的人任意评论吧！比萨、佛罗伦萨、博洛尼亚、威尼斯以及帕多瓦等，许多地方的人都曾经看到过木星周围的行星。但这些人却都对此犹豫不决、保持沉默，只是因为大众根本不知道木星和火星，更不懂得卫星和行星。

在威尼斯，曾有一个人站出来反对我的说法，大言不惭地说我对木星的言论是不正确的，因为他观察过几次，认为木星周围根本没有行星存在。有人声称他经常能看到木星，便出来赞同他的观点。

难道让我们与德谟克利特或赫拉克利特站在同一个起点上吗？我的开普勒，我想我们完全可以对大众的愚蠢一笑置之。你是如何同这方面的权威人士就这一问题进行切磋的呢？在这一问题上，我已无数次将自己的研究结果展示给他们看，但他们都对此不屑一顾，而且十分固执，坚决不肯用望远镜看看那些行星或者卫星。正是因为这些愚蠢的人不肯听我们的意见，大众的眼睛才受到了蒙蔽，使他们无法认识真相。

现在我们都知道，在太阳系的行星中，木星拥有的天然卫星最多，数量足足有79个。其中伽利略卫星的体积最大，其余的体积都很小，直径在10公里之内的就有60个。

伽利略还观察了银河系。他在给朋友的一封信中这样写道：月球是一个类似地球的天体，这一点我以前就深信不疑。我也观察到了大量前所未见的恒星，它们比肉眼可以看到的要多十几倍。我已经知道银河究竟是什么了。他画出了天空某个区域内所有恒星的分布图。例如图7.4中所有"*"所标记的是肉眼能见的恒星，而"+"所标记的是通过伽利略望远镜新发现的。

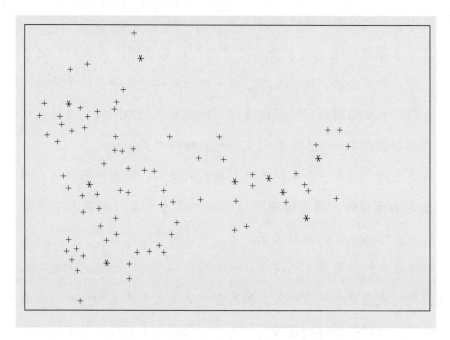

图7.4 伽利略绘制的天空某个区域内的恒星分布

伽利略还观察了金星和水星。在给开普勒的信中，他通过字谜的方式公布了他对金星的发现。伽利略发现，类似我们熟悉的月亮，金星和水星也有圆缺的相位变化，并且有完整的"新月"到"满月"的过程。这一发现无可争辩地证明了金星和水星围绕着太阳旋转。行星自身不发光，因为反射太阳光而发光，在托勒密的宇宙模型中，金星和水星永远在太阳围绕地球运转的轨道之内，绝对不会出现类似满月的相位。由此，伽利略得出了结论：金星和水星绕着太阳旋转，也和其他所有的行星一样。过去，毕达哥拉斯学派、哥白尼和开普勒都确信这是真理，但是，从没有像我们现在对金星和水星那样通过自己的感官得到证实。

1610年8月，伽利略冒着眼睛被灼伤的风险用望远镜观察了太阳，他发现了太阳黑子。1611年，他出版了《论我所观察到的太阳黑子》一书，书中记述了当时的观察情况。当我仔细观察太阳的边缘时，一个黑子不期然地出现了。起初我以为它是一朵过眼的云。然而，第二天早晨当我再观察时，又看见了这个黑子，虽然它的位置好像稍微移动了一点。接着一连三天都是阴沉天气。当天空转晴时，这个黑子已从东边移动到了西边，而一些比它小的黑子占据了它原先所在的位置。后来这个大黑点逐渐朝对侧边缘移动，最后消失在那里。从其他黑子的运动可以知道，它们亦复如此，我期望它们回归。事实上，那个大黑子在10天以后果然又在东侧边缘重新出现。

伽利略的天文新发现对哥白尼体系给予了无可辩驳的证明。他欢欣鼓舞地著书立说，积极地宣传这些新发现。当然，这些行为是当时宗教裁判所不能容许的。

人类历史上一次著名的学术迫害开始了。1616年，伽利略被传唤到罗马，宗教裁判所谴责了哥白尼体系，并责令伽利略保持沉默。

1632年，伽利略《两大世界体系的对话》出版。因为他在书中为哥白尼体系提供了一系列新的论据，所以这部书被教会认定为严重危害到思想统治，被列为禁书。1633年初，伽利略在罗马被捕，并被关进了宗教裁判所的牢狱，且不准任何人和他接触。教会的法官们用火刑威胁伽利略，要求他放弃自己的科学信仰，否则就要对他处以极刑。

1633年6月22日，伽利略已经69岁了，疾病缠身，行动不便。他被带到了宗教法庭，在法官面前公开招认了异端罪行。据说，法官在宣读判决书的时候，伽利略的目光停留到一条误入宗教法庭的小狗身上，它正在不停地摇动着尾巴。

经过这次审判，伽利略被软禁在佛罗伦萨郊外的一所别墅里。软禁期间，伽利略继续从事力学研究，并于1638年完成《关于两门新科学的对谈》一书。由于教会禁令的缘故，这部书无法在意大利出版，只能送到荷兰秘密刊印。

1642年1月8日，伟大的伽利略停止了呼吸，离开了这个世界。他在离开的前夕，断断续续地重复这样一句话：

追求科学需要特殊的勇气。

第 8 章

碰撞实验及理论研究

最早建立系统化碰撞理论的是法国的笛卡尔，他是一位伟大的数学家和哲学家，同时也是一位物理学家；主张世界是由物质和运动组成的，可以运用数学演绎的方法构建自然哲学体系，达到认识世界的目的。这一思想对当时及后来的物理学产生了重要的影响。

1618年，笛卡尔自愿参加军队，当他驻留在北荷兰的布雷达地区时，结识了新朋友——荷兰物理学家比克曼（1588—1677）。比克曼曾经设想在宇宙中充满了一种微细物质，认为用这种物质的流动可以说明自由落体、磁力和一些真空现象。比克曼提出了运动量守恒原理，认为物体一旦运动起来，除非受到外来的阻碍，否则永远都不会停止。比克曼还研究过碰撞问题，得出了许多关于非弹性碰撞的法则。

笛卡尔在构建自然哲学体系的过程中很明显受到了比克曼的影响。

1644年，笛卡尔出版了《哲学原理》。在该书第二部分"论物质的事物的各种原理"中考察了运动的原因，他描述了运动量的定义。当一部分物质以两倍于另一部分物质的速度运动，而另一部分物质却为这一部分物质的两倍时，我们有理由认为这两部分的物质具有相等的运动量，并且认为每当一部分的运动量减少时，另一部分的运动量就会相应地增加。笛卡尔的运动量是指物体的大小和速度之积。这个概念与近代物理学中动量的概念具有本质的区别。由于没有建立质量的概念，所以他对物体的大小也缺少明确的定义，同时也忽视了运动方向的影响。

为了能够确定自然事物发生的过程，笛卡尔在运动量守恒原理之外，继续给出了三条第二级的定律：

自然的第一定律：无论任何事物，只要它是单一的、不可分的，其本身总是停留在相同的状态，如果没有外部原因，它就绝不变化。

自然的第二定律：如果仅就一切物质部分来考虑，那么它绝不具有做曲线运动的倾向，而只具有继续做直线运动的倾向。

自然的第三定律：在运动着的物体与另一个物体相遇的情况下，如果前者直线前进的力小于后者对它的阻力，前者就拐到另外的方向，继续保持自己的运动，只是改变了运动的方向。反之，当前者具有较大的力时，它就和另一个物体一起运动，只是失去了自己传给另一个物体的运动量。

其中，自然的第一定律和自然的第二定律可以归纳在一起，称为笛卡尔的惯性定律，这构成了笛卡尔自然哲学体系的基础。自然的第三定律可以为归纳为一般的碰撞定律，为进一步讨论物体碰撞问题奠定了基础。现在看来，自然的第三定律描述得有些模糊不清，是一条不严谨的定律。

后来，笛卡尔根据上述三个定律总结了七条碰撞问题的规律，除了其中的两条规律以外，其他的规律大都是不正确的，或者至少是表述得不清楚的。例如其中的命题四就缺乏一般性，仅仅是对日常经验的简单描述。如果物体C大于物体B，那么不管B以什么速度撞C，都不可能使C运动；B的速度越大，C的阻力也越大。由于笛卡尔在学术界享有盛名，这些模糊论点反而引起了后来的物理学家对碰撞问题的更多关注。

捷克布拉格查理大学的校长马尔库斯·马尔西（1595—1667）是碰撞问题的早期研究者之一。1639年，在《运动的比例》一书中，他阐述了研究弹性碰撞问题的一些成果。如图8.1所示，光滑的石桌上紧密排列着三个大小相等的大理石球a、b、c。有一个人用一架大炮发射大理石球d，来撞击大理石球a。这时，石球d的运动会在碰撞中传递给最后一个石球c，另外两个石球a、b则不会受到影响，仍然停留在原地。他通过实验得出的结论是，当一个物体与另一个大小相等且处于静止状态的物体做弹性碰撞，会失去自己的运动，而把速度等量地传递给另一物体。这个结论是正确的，但是，他没有给出原因。由于没有精确测量实验球体的质量大小以及运动方向和速度，马尔西也没有给出关于碰撞问题的一般公式。

图8.1　马尔西的碰撞实验

　　1668年，为了弥补力学原理在碰撞问题方面论文数量的不足，英国皇家学会公开要求一些会员研究这个问题，并承诺对其中的优秀论文进行奖励。

　　最早提交论文的是英国数学家约翰·沃利斯（1616—1703）。他主要考察了物体的非弹性碰撞情况，并且借鉴了笛卡尔提出的运动量概念。他认为碰撞中起决定作用的物理量是运动量，即重量（质量）和速度的乘积，它们在碰撞前后保持不变。如果设两个物体的质量是 m 和 m_1，发生非弹性碰撞前的速度分别为 v 和 v_1，碰撞后的共同速度为 u，那么当这两个物体同向运动时，$(m+m_1)u=mv+m_1v_1$；当这两个物体相向运动时，$(m+m_1)u=mv-m_1v_1$。

第二个提交论文的是英国建筑学家克里斯托弗·雷恩（1632—1723）。雷恩发现了弹性碰撞的一般公式。雷恩注意到当两个物体的速度大小与质量成反比时，发生弹性碰撞后会各以原来的速度弹回，并由此找出了求末速度的经验公式。不过他只是从实验数据中总结出经验公式，没有进一步给出理论证明。

1669年1月，荷兰的惠更斯提交了关于弹性对心碰撞理论的论文。惠更斯曾经阅读过笛卡尔的《哲学原理》，他不同意笛卡尔关于碰撞问题的观点。1652年，惠更斯决定自己进行实验研究，英国皇家学会的征文活动再次点燃了他的热情。虽然提交论文的时间比沃利斯、雷恩要晚一些，但是他给出了碰撞规律的理论证明。

从惠更斯的通信来看，1656年他就得出了论文中的那些命题和相关证明。在他去世8年后，后人将这些论文整理成书，于1703年正式出版，书名为《论碰撞作用下物体的运动》。这本书收录了惠更斯提出的5条基本假设。

假设1：任何运动物体只要不遇到障碍，将会沿直线以同一速度运动下去。

假设2：两个具有相同质量的物体做对心碰撞时，如碰撞前各自具有大小相等、方向相反的速度，则撞后将以同样的速度沿反方向弹回。

假设3："物体的运动"和"速度的异同"这两个说法，只是相对于另一些被看成静止的物体而言，而不必考虑这些物体是否还参与另外的共同运动。当两物体碰撞时，即使它们还参与另一匀速运动，在也具有这个匀速运动的观察者看来，两个物体的相互作用就像不存在这个匀速运动一样。

第一个假设可以视为惠更斯的惯性定律，第二个假设隐含着碰撞是完全弹性的，第三个假设是惠更斯关于相对运动的重要思想。

惠更斯对此进行了举例解释。如图8.2所示，他设想了一个实验。在岸上有一位实验者，两只手各拿一根绳子，两根绳子的下端各系了一个大小相等的圆球，两球以大小相等、方向相反的速度v相撞。根据假设2，它们将以大小相等、方向相反的速度v弹回。而在一艘速度为v的匀速行驶的船上，根据假设1，船上的所有东西都获得了速度v，如果没有遇到阻碍，将一直这样运动下去。船上另一个实验者两只手也各拿一个大小相

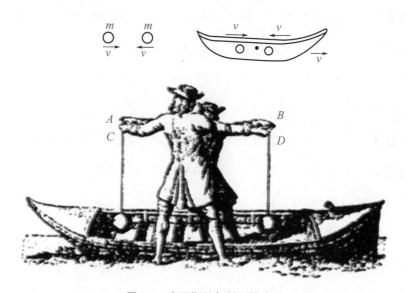

图8.2 惠更斯的船舶碰撞实验

等的圆球，他重复了岸上的碰撞实验。根据假设3，这个过程对于岸上的实验者而言：碰撞前，有一个球看起来是静止不动的，另一个球的速度与船的航向相反，速度是船速的两倍，即2v；碰撞后，原来静止的球以船速的两倍即2v弹回，而另一个球失去原来的速度，相对静止。

在后面，惠更斯又补充了两条假设。

假设4：大的物体冲击原来静止的小物体，最后必会分给小物体一些速度，而自身失去一些速度。

假设5：如果相碰撞的两物体中的一个在碰撞后速度、大小未变，则另一个必定也是如此。

在论文中，惠更斯给出的所有命题都是关于对心碰撞的。根据上述的5条基本假设，他考察了碰撞物体的质量和速度的比例变化的种种特殊情形，提出了以下13个命题。

命题1：一个物体以一定的速度碰撞和它完全相同的物体，那么，碰撞后前者便静止，而后者获得前者碰撞前的速度。

命题2：如果两个完全相同的物体，以不等的速度碰撞，撞后两者将互相交换速度运动。

命题3：大的物体被有速度的小物体碰撞，撞后大物体会运动。

命题4：碰撞前后，两个物体的相对速度大小不变。

命题5：如果两个物体以第一次撞后的速度大小发生二次碰撞，撞后二者将获得第一次撞前的速度大小。

命题6：当两个物体发生碰撞时，撞前总共具有的运动的量与撞后相比，可能增加也可能减少。运动的量按以下方式确定，即不完全相同的物体如果有相同的速度，则大的物体运动的量大；对于完全相同的物体，运动的量取决于一个物体比另一个运动快多少。

命题6叙述得很模糊，是一条不明确的命题。如果两个物体重量不同，速度也不同，它们运动的量按什么方式确定？出现这个问题的原因在于惠更斯对运动的量还没有形成数学上的准确定义。据说惠更斯在给朋友的信中曾对命题6进行了修改并得出正确的结论，但在《论碰撞作用下物体的运动》一书中没有采用这个结果。

命题7：当大物体以一定的速度碰撞小物体时，小物体获得比大物体原速2倍略小的速度。

命题8：如果两个物体的速度和它们的质量成反比，则碰撞后它们以碰撞前的速度大小返回。

命题9：两个大小不同的物体，重量的比已知，如果给出两者在碰撞前的速度，就可以求出碰撞后的速度。

命题10：质量为m_1的大物体以一定的速度碰撞静止的质量为m_2的小物体，小物体获得速度v_2；小物体以同样的速度v_2碰撞静止的大物体，大物体获得速度为v_1，那么，$\dfrac{v_1}{v_2}=\dfrac{m_2}{m_1}$。

命题11：两个物体发生碰撞，如果它们的质量比和速度比已知（可以用数量的大小表示，也可以用线段长度表示），则它们各自的质量与速度平方的乘积之和，在碰撞前后保持不变。

如果质量为m_1的物体在碰撞前后的速度分别为v_1和v_1'，质量为m_2的物体在碰撞前后的速度分别为v_2和v_2'，已知质量比和速度比，即

$$\frac{m_2}{m_1} = p \qquad \frac{v_2}{v_1} = q$$

那么，可以证明：

$$m_1v_1^2 + m_2v_2^2 = m_1v_1'^2 + m_2v_2'^2$$

这就是著名的惠更斯定律，是关于弹性碰撞系统的动能守恒的第一次局部表述。在这里，惠更斯用质量和其速度平方的乘积 mv^2 来量度物体的运动。

1686年，这个物理量被莱布尼茨称为活力。莱布尼茨提出宇宙是一个不和其他物体进行活力交换的系统。所以，宇宙中始终保持着同样的活力。1829年，法国物理学家古斯塔夫·科里奥利（1792—1843）将物体的动能定义为其质量和速度的二次方的乘积的二分之一，用 $\frac{1}{2}mv^2$ 替代了 mv^2。

命题12：一个运动物体撞击一个静止物体A，如果在运动过程中另一个静止物体B作介质，则A获得比介质更大的速度；当介质物体质量为其他两物体的比例中项时，A将获得最大速度。

命题13：如果一系列的介质物体位于一个运动和一个静止的物体之间，当所有的物体的质量连续成比例时，碰撞后静止物体获得最大速度。

1673年，法国物理学家马略特（1620—1684）创立了一种用摆锤进行碰撞实验的方法，可以精确地测量两个圆球碰撞前后的瞬时速度，如图8.3所示。在这之前，进行这种测量是非常困难的。

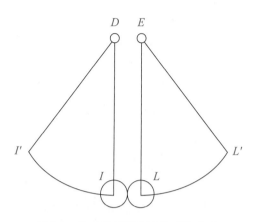

图8.3 马略特用摆锤进行碰撞实验

马略特用细线把两个圆球吊在同一水平面下，把它们当作摆锤。摆锤在最低点的速度与摆锤的起点高度有关。可以测量摆锤的起点高度，或者测量摆锤能够升起的高度，这样，就获得了圆球在碰撞前的速度和碰撞后所获得的速度。

物理学家牛顿也重复过马略特实验，他在计算时修正了空气阻力对摆锤速度的影响。在《自然哲学的数学原理》一书中，牛顿对实验进行了详细的说明（实验示意图见图8.4）。用类似的方法，当两个物体由不同位置下落在一起时，可以得出它们各自的运动以及碰撞前后的运动，进而可以比较它们之间的运动，研究碰撞的影响。取摆长为10英尺，所用的物体有相等也有不相等的，在通过很大的空间，如8，12或者16英尺之后使物体相撞，我总是发现当物体直接撞在一起时，它们给对方造成的运动的变化相等，误差不超过3英寸，这说明作用与反作用总是相等。若物体A以9个单位的运动撞到静止物体B，失去7个单位，反弹运动为2，则B以相反方向带走7个单位……

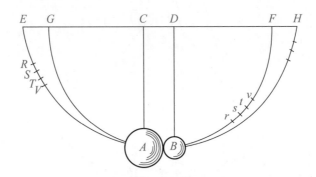

图8.4　牛顿的碰撞实验示意图

第 9 章

运动学三大定律

1643年1月，英格兰林肯郡的伍尔索普村，一个普通的农民家庭诞生了一个早产婴儿，他就是伟大的物理学家艾萨克·牛顿（图9.1）。牛顿出生的时候，由于英国还没有执行教皇颁布的最新历法，因此，他的生日常被部分文献记载为与伽利略去世同一年。

少年时代的牛顿并非神童，他的成绩很一般。不过，他非常喜欢阅读，尤其偏爱一些介绍简单机械模型的读物。他会从书中受到启发，并动手制作一些风车、小水钟、折叠式提灯等。十二岁的时候，牛顿的母亲送他到格兰瑟姆公立中学读书。在这所学校里，牛顿开始表现出对机械发明的明显兴趣，曾制造了一座水钟、一个风磨以及由坐在里面的人驱动的车子等。

1661年6月，牛顿进入剑桥大学，专心学习数学。他在这期间学习了亚里士多德关于位置运动的理论，但是当他阅读到伽利略以及笛卡尔的著作

图9.1 牛顿肖像

以后，很快就转向了新力学，这两位先驱对牛顿力学的形成起了巨大的推动作用。

　　1665年，牛顿取得了学士学位。这一年仲夏，伦敦爆发了大规模的瘟疫。剑桥大学因为临近瘟疫流行的中心，在秋季被政府临时关闭。就这样，牛顿回到了林肯郡的家中。在家中，他住了十八个月。根据牛顿在1714年写的一封信可以知道，他当时因为瘟疫住在乡下时，大脑中已经孕育了一生中最重要的思想。在1665年初，我发现了计算逼近级数的方法，以及把任何幂次的二项式按一定规则展开为一个幂级数的和。同年5月间，我发现了计算切线的方法。……11月间发现了微分的计算方法，第二年的1月，发现了颜色理论，接着，5月着手研究积分的计算方法。在这一年内，我还开始考虑如何把重力推广到月球轨道上，同时还发现了如何估计一个在天球内运动着的天体对天体表面的压力，然后，还从开普勒关于行星的周期是和行星轨道的中心距离的$\frac{3}{2}$次方成正比的规律，推出了使行星保持在它们的轨道上的力必定要和与它们绕之运行的中心的距离的平方成反比例。而后把使月球维持在其轨道上所需的力与地球表面的重力进行了比较，发现它们相当一致。所有这些都发生于鼠疫时期的1665、1666那两个年头里，因为那时候我正处于创造的鼎盛时期，且较以后的任何时期都更多地潜心于数学和哲学。

　　26岁时，牛顿被任命为剑桥大学的教授。30岁时被选为皇家学会的会员，这是英格兰最高的科学荣誉。

　　据牛顿的传记作者说，牛顿是一个呆头呆脑的教授，从不作任何娱乐和消遣，不骑马外出换换空气，不散步，不玩球，也不做任何运动，认为不花在研究上的时间都是损失。他经常工作到三更半夜，并且忘记了吃饭，偶尔出现在三一学院的餐厅时，也经常披头散发、衣衫不整。他对日常生活中的事，总是给出天真幼稚、不切实际的答案。有个故事说，牛顿曾在家中的房门上开了大小两个洞，供他的两只猫出入。他认为大猫会走大洞，小猫会走小洞。

1686年，在《自然哲学的数学原理》一书的序言中，牛顿表示由于古代人（如帕普斯告诉我们的那样）在研究自然事物方面，把力学看得最为重要，而现代人则抛弃实体形式与隐秘的质，力图将自然现象诉诸数学定律，所以他将在这本书中致力于发展与哲学相关的数学。理性的力学是一门精确地提出问题并加以演示的科学，旨在研究某种力所产生的运动，以及某种运动所需要的力。……我的这部著作论述哲学的数学原理，因为哲学的全部困难在于：由运动现象去研究自然力，再由这些力去推演其他现象。为此，牛顿推导出使物体倾向于太阳和行星的重力，再运用其他数学命题由这些力推算出行星、彗星、月球和海洋的运动，他希望其他的自然现象也同样能由力学原理推导出来。

《自然哲学的数学原理》是一部人类文明史上的伟大著作。在书中，牛顿给所有的物理现象奠定了一个力学解释的纲领，牛顿对力学现象的处理方法也十分清晰而严密，在今天的经典力学教科书中仍然被广泛使用。

在牛顿建立的理论体系中，有一些必不可少的基本元素，这就是他关于空间、时间和运动的观点。直到20世纪初，牛顿的这些观点都占据绝对的统治地位，仅仅在相对论和量子力学理论的冲击下才被新的思想取代。

关于时间，牛顿认为绝对的、真实的和数学的时间由其特性决定，自身均匀地流逝着，与一切外在事物无关，又名延续；相对的、表象的和普通的时间是可感知和外在的（不论是精确的还是不均匀的）对运动之延续的量度，它常被用以代替真实时间，如一小时、一天、一个月、一年。

关于空间，牛顿认为绝对空间的自身特性与一切外在事件无关，处处均匀，永不移动。相对空间是一些可以在绝对空间中运动的结构，或是对绝对空间的量度，可以通过它与物体的相对位置感知它。它一般被当作不可移动空间，如地表以下、大气中或天空中的空间，都是以其与地球的相互关系确定的。绝对空间与相对空间在形状与大小上相同，但在数值上并不总是相同。例如地球在移动，大气的空间相对于地球总是不变的，但在一个时刻大气通过绝对空间的一部分，而在另一时刻又通过绝对空间的另一部分，因此在绝对意义上看，它是连续变化的。

关于运动，他认为绝对运动是物体由某一绝对处所迁移到另一绝对处所；相对运动是由一个相对处所迁移到另一个相对处所。静止的属性在于真正静止的物体相对于另一静止物体也是静止的。运动的属性在于部分维持其在整体中的原有位置并参与整体的运动。物体真正的绝对的运动，不能由它相对于只是看起来静止的物体发生移动来确定，因为外部的物体不仅应看起来是静止的，而且还应是真正静止的。反过来，所有包含在内的物体，除了移开它们附近的物体外，同样也参与真正的运动，即使没有这项运动，它们也不是真正的静止，只是看起来静止而已。

为了证明绝对运动的存在，牛顿提出了著名的水桶实验。如果将一个悬在长绳上的桶不断旋转，使绳扭紧，再向桶中注满水，并使桶与水都保持平静，然后通过另一个力突然作用，则桶沿相反方向旋转，同时使绳完全放松，桶做这项运动会维持一段时间。开始时，水的表面是平坦的，因为桶尚未开始转动；但不久之后，桶通过逐渐把它的运动传递给水，使水明显开始旋转，一点一点地离开中间，并沿桶壁上升，形成凹形。旋转越快，水上升得越高，直到最后，水与桶因为同时转动，水面呈相对静止。水的上升表明它有脱离转动轴的倾向，也显示了水的真正的、绝对的圆周运动，在此与其相对运动正好相反，可以知道并由这种倾向加以度量。起初，当水在桶中的相对运动最大时，它并未表现出离开转轴的倾向，也未显示出旋转的趋势，水既不沿桶壁上升，水面也没有升高，而是保持平坦，因此它的圆周运动尚未真正开始。但是在那以后，水的相对运动减慢，水却沿桶壁上升，这表明它要离开转轴的倾向。这种倾向说明水的真正的圆周运动在逐渐加快，直到它达到最大值，这时水相对于桶处于相对静止状态。因此，水的这种倾向并不依赖于水相对于周围物体的任何移动，这类移动也无法定义真正的圆周运动。

　　19世纪末，奥地利物理学家马赫（1838—1916）在《力学史评》中深入分析了牛顿的力学概念。针对牛顿的绝对时间和绝对空间，他批判道："我们不应该忘记，世界上的一切事物都是互相联系、互相依赖的，我们本身和我们所有的思想也是自然界的一部分。""绝对时间是一种无用的形而上学的概念。""它既无实践价值，也无科学价值，没有一个人能提出证据说明他知晓有关绝对时间的任何东西。"马赫还指出绝对运动的概念也是站不住脚的："牛顿旋转水桶的实验只是告诉我们，水对桶壁的相对转动并不引起显著的离心力，而这离心力是由水对地球和其他天体的相对转动所产生的。如果桶壁愈来愈厚，愈来愈重，最后达到好几海里厚，那时就没有人能说出这实验会得出什么样的结果。""能把水桶固定，让众恒星旋转，再来证明离心力不存在吗？"马赫的精辟论述揭示了牛顿力学的历史局限性，在当时的科学界和思想界中产生了极大的震动。

在《自然哲学的数学原理》中，牛顿开宗明义地把质量和重量这两个概念区别开来，认为质量是物质的固有属性。

定义1：物质的量是物质的度量，可由其密度和体积共同求出。

所谓物质的量，就是质量。这里的物质是自然界中的宏观物体和电磁场、天体和星系、微观世界的基本粒子等的总称。

早期的物理学家，例如伽利略、笛卡尔、惠更斯等人都没有形成明确的质量概念，同时对地球引力缺乏了解，对质量和重量这两个术语经常更换使用，混淆在一起。在地球表面的同一地方，可以认为物体与地心的距离不变，那么，该物体的质量和重量成比例，比例系数就是这个地方的重力加速度。在地球表面的不同地方，由于与地心的距离变化以及地球自转形成的差异，重力加速度也会不同。重量和质量是完全不同的两个概念。

质量是物理学的基本概念之一，它的含义和内容随着科学的发展而不断地清晰和充实。1905年，物理学家爱因斯坦根据狭义相对论的原理，发现了著名的质能转换公式：

$$E = mc^2$$

式中，E 为物体蕴含的能量；m 为物体的质量；c 为光速。根据质能转换公式，能量也是质量的一种表现形式，物体的质量和能量可以互相转化。

定义2：运动的量是运动的度量，可由速度和物质的量共同求出。

速度是物质运动的度量，包括快慢和方向，是对运动数学化处理的结果。在经典力学中，运动的量被称为动量，动量是物体的质量和速度的乘积。动量是矢量，具有方向性。

笛卡尔首先提出运动的量是物质的大小和速度的乘积，并且在此基础上提出了运动量守恒原理，但是他的观点是模糊的。一方面他没有建立质量的概念，另一方面他不了解动量是矢量。

牛顿没有定义速度，因为在绝对时空观看来，物质运动的速度是物质的空间位置变化与时间间隔的必然结果，不需要再进行定义。在相对时空观中，空间、时间互相联系又互相制约，并且空间、时间以及物体的运动三者不可分割。例如：光速在任何惯性参考系中都不变；光速是任何物体运动速度的上限；物体的质量随着运动速度的增加而增加。

定义3：惯性力（vis insita）或物质固有的力，是一种起抵抗作用的能力，它存在于每个物体中，大小与该物体（质量）相当，并使之保持其现有的状态，或者是静止，或者是匀速直线运动。

牛顿认为惯性力总是正比于物体（质量），它来自物体的惯性，与之没有什么差别。一个物体，由于物质的惯性，要改变其静止或运动的状态是有困难的。由此看来，这个固有的力可以用惯性或者惯性力来称呼。但是，物体只有当有其他力作用于它，或者要改变它的状态时，才会产生这种力。这种力的作用既可以看作是抵抗力，也可以看作是推斥力。当物体维持现有状态，反抗外来力的时候，即表现为抵抗力；当物体不向外来力屈服，并要改变外来力的状态时，即表现为推斥力。抵抗力通常属于静止物体，而推斥力通常属于运动物体。不过，正如通常所说的那样，运动与静止只能作相对的区分，一般认为是静止的物体，并不总是真的静止。

牛顿认为只有当其他力作用于某物质，或者要改变某物质的现有状态时，物质的惯性力才会起作用。总之，惯性力是物质对其他作用力的反应，是一种反作用力。

定义4：外力是加于物体上的一种作用力，以改变其运动状态，而不论这种状态是静止的还是沿笔直的（直）线匀速运动的。

牛顿认为外力只存在于作用之时，作用消失后并不存在于物体中，因为物体只靠其惯性维持它所获得的状态。不过，外力有多种来源，如撞击、挤压、向心力等。

根据定义3可以知道，只要有外力加于物体上，物体就会因为惯性力而产生相抵抗的力。

定义1至定义4是非常重要的，它已经暗含了牛顿运动学所要表达的主要内容。

有了关于质量、动量、惯性和外力等的概念之后，牛顿便开始系统地表述他发现的运动定律。

牛顿第一运动定律：每个物体都保持其静止或匀速直线运动的状态，除非有外力作用于它迫使它改变那个状态。

亚里士多德认为各物体都具有其固有位置，物体如果处于固有位置，就继续保持稳定而静止的状态。牛顿在伽利略、笛卡尔等人的研究基础上批判继承了这个判断，认为静止或匀速直线运动等属于物体的固有状态，如果没有外力的作用，任何物体都会保持这种状态。

牛顿第一运动定律可以简称为惯性定律。静止或匀速直线运动是惯性定律的主要体现，但是惯性定律涵盖的运动状态并不仅限于静止和匀速直线运动，惯性运动的关键在于是否有外力的作用。例如，陀螺各部分的凝聚力不断使之偏离直线运动，如果没有空气阻碍，陀螺就不会停止旋转。特别地，你还可以将宇宙天体（例如太阳系）视为一个大型的旋转的陀螺。行星和彗星一类较大物体，由于它们在自由空间中没有什么阻力，可以在很长时间里保持其向前的和圆周的运动。

在日常生活中，惯性经常被地心引力、空气阻力、地面摩擦力等效应屏蔽，因而我们经常看到静止的物体快速下落或者运动的物体趋于静止的现象。基于这些观察，甚至无法相信地球自转并且围绕着太阳公转的事实。

伽利略是哥白尼体系的积极支持者，在他的著作中多次提出了类似于牛顿第一运动定律的思想。但是，伽利略认为匀速圆周运动（例如地球的自转引起的地球表面物体的运动）属于惯性，一旦形成就会永恒地持续下去。伽利略对惯性的理解可以让他相信地球是自转的，但不完全正确。

惯性现象引起了思想家笛卡尔的关注。1629年，笛卡尔在给友人的一封信中大胆假设，认为运动一旦加于物体，就会永远保持下去，除非受到某种外来手段的破坏。换言之，若某一物体在真空中开始运动，将永远运动并保持同一速度。他的这个论断已经非常接近牛顿的惯性定律。

牛顿第二运动定律：运动的变化正比于外力，变化的方向沿外力作用的直线方向。

只要采用合适的量纲，牛顿第二运动定律就可以表达为：

$$F=ma$$

式中，**F**为力；m为质量；a为加速度。

牛顿力学中，加速度是对运动的变化的度量，是矢量，方向与外力的方向相同。如果某种力产生一种运动，则加倍的力产生加倍的运动，三倍的力产生三倍的运动，无论这力是一次还是逐次施加的。而且如果这物体原先是运动的，则它应加上原先的运动或是从中减去，这由它的方向与原先运动的方向一致或相反来决定。如果它是斜向加入的，则它们之间有夹角，由二者的方向产生新的复合运动。复合运动是运动合成的结果，这一重要的思想来自伽利略。牛顿允许多个外力独立地产生运动的加速度，每种运动的加速度与这个外力的方向一致，在直线上完成，最后，由多个方向运动的加速度产生新的复合运动。

牛顿第三运动定律：每一种作用都有一个相等的反作用，或者两个物体间的相互作用总是相等的，而且指向相反。

牛顿第三运动定律的是惯性系中两个物体之间相互作用制约和联系的机制，作用力和反作用力分别施加在两个物体上，它们的地位是对等的。作用力和反作用力大小相等、方向相反，同时产生、同时消失、同时变化。不论是拉或是压另一个物体，都会受到该物体同等的拉力或压力。例如让马拉一块系在绳索上的石头，则马也同等地被拉向石头，因为绷紧的绳索同样企图使自身放松，就像它把石头拉向马一样，同样力度地把马拉向石头，它阻碍马前进就像它拉石头前进一样强。

17世纪中叶，碰撞问题成为科学界共同关心的课题。1664年，牛顿开始研究碰撞问题。他把注意力放在物体之间的相互作用上。如果某个物体撞击另一物体，并以其撞击力使后者的运动改变，则该物体的运动也（由于互压等同性）发生一个同等的变化，且变化方向相反。如果物体不受到任何其他阻碍的话，这些作用造成的变化是相等的，但不是速度变化，而是指物体的运动变化。因为运动是同等变化的，向相反方向速度的变化反比于物体的质量。

宇宙天体系统的运动能够长时间地保持稳定，主要原因就在于天体间相互吸引力属于作用力和反作用力。例如太阳和地球之间的关系，太阳吸引地球，地球也吸引太阳，它们的吸引力大小相等且指向相反，因此，地球围绕着太阳的运动可以永远地保持下去。

第10章

万有引力定律

1543年，哥白尼出版了《天球运行论》一书。书中，哥白尼指出太阳是宇宙的中心，地球上的重力是宇宙力的一种，重力在宇宙中并不是唯一的，围绕太阳旋转的其他天体上也会有重力的存在，太阳上如此，月亮上也如此。

开普勒是哥白尼体系忠实的拥护者，他从吉尔伯特那里继承了地球磁力理论。开普勒说："如果你用'力'取代'灵魂'，就可以得出与天体物理基础一样的理论来。我曾坚信'灵魂'就是行星运动的动力。但考虑到这个动力随着距离的增大而减小，我推断它是有形的。"开普勒曾对光进行过详细研究，提出光的强度与辐射距离的平方成反比的规律。光线是从光源向着各个方向依照简单的几何学规律辐射的，如果将光源的辐射距离加倍，光线分布的平面就变为原来的四倍，如图10.1所示。但是，开普勒错误地认为太阳的吸引力并非类似于光一样向各个方向辐射，而是只延伸到行星的运动轨道就终止了，行星和太阳的吸引力的大小与距离成反比，而不是与距离的平方成反比。

引力究竟是什么？在整个17世纪的大部分时间内，人们争论不休。

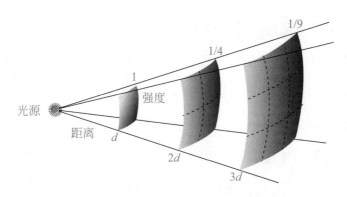

图10.1　光线依照简单的几何学规律辐射

　　伽利略倾向于不讨论重力的实质，转而集中精力去研究重力引起的运动。他通过斜面实验证明受到重力作用的自由落体做匀加速运动。地面上的物体的水平运动之所以会停下来，是因为受到了撞击或者摩擦的阻碍，如果没有这些阻碍，这些物体会沿着理想斜面持续地运动下去。伽利略认为地球围绕太阳做匀速圆周运动，地面上的物体会随着地球绕轴自转做匀速圆周运动，而匀速圆周运动属于自然运动，可以永恒地持续下去。

　　笛卡尔认为天体之间的吸引力是纯粹力学性的，来源于物质之间的相互作用。一无所有的真空是不存在的，存在的空间一定包含物质，即物质空间。物质空间中充满了一种看不见的流体样物质，流体样物质是以太的产物，而整个太阳系都浸没在以太中。这种流体样物质形成许多大小、速度和密度不同的涡旋。真空中的空间物质围绕太阳形成漩涡，这种漩涡导致了太阳系的形成。宇宙中每个恒星都是一个漩涡中心。

　　从古代到中世纪，很多人相信天文现象和地球上发生的事情可以相互影响，人们把探讨天体之间、天体和地球之间的相互作用的学说称为占星学。占星学不可避免地与迷信相混淆。实际上，它也有其严肃的一面，例如占星学假定宇宙中存在着某些特殊的物质与遥远的天体能够联系在一起，并且相信对这些联系可以进行研究和描述。法国的天文学家伊斯迈尔·布里奥（1605—1694）从占星学原理出发，认为如果控制行星运动的吸引力来自太阳，并且随着距离的增加而减小，那么这个吸引力类似于光线而向各个方向延伸，引力的大小与距离的平方成反比。但是布里奥马上就否认了"平方反比律"，他认为这个规律很荒谬。

1661年，英国的罗伯特·胡克察觉到天体之间的引力和地球上物体的重力有着同样的本质。1662年和1666年，他曾在山顶上和矿井里等不同的地点做实验，测定同一个单摆的周期，试图通过这些实验找出物体重量随到地心距离变化的规律，但是没有得出任何有用的结果。为了确定重力是否随着到地球中心的距离的减少而增加，胡克曾经把一架精密的天平放在威斯敏斯特教堂的尖顶上，以称量一块铁和一根长的包扎绳的重量。然后，他用包扎绳把这块铁悬挂起来，将绳子垂下，让这块铁接近于地面，再用天平称出这段绳子和铁的整体重量。很可惜，在这两种条件下，胡克没有检测出明显的重量差别。

1674年，胡克在"证明地球周年运动的尝试"演讲中提出：一切天体都具有倾向其中心的吸引力，它不仅吸引其本身各部分，而且还吸引其作用范围内的其他天体；凡是正在做简单直线运动的天体，在没有受到其他作用力使其沿着椭圆轨道、圆周或复杂的曲线运动之前，它将继续保持直线运动不变；受到吸引力作用的物体，越靠近吸引中心，其受到的吸引力也越大。

1679年秋天，胡克开始与牛顿通信。这时，牛顿已经将力学问题搁置了十几年，期间，他创立了微积分，这一数学工具使他能够更深入地探讨力学。同年年底，牛顿收到了胡克的一封信，询问地球表面上落体的轨迹是什么。在回信中，牛顿错误地认为落体的轨迹是终止于地心的螺旋线。经胡克指出，牛顿承认了错误。1680年1月，在回答胡克的第二封信中，牛顿推证了一种落体轨迹，这一结果是在假设同一物体的重力在地球上的任何位置都等于常数的基础上做出的。回信中，胡克指出了这个错误，并且猜测重力的大小按物体到地心距离的平方成反比变化的规律。后来，这些信件成为胡克与牛顿争辩万有引力定律发现权的证据。牛顿认为胡克的见解只是一些肤浅的猜想，缺乏坚实的实验，所以拒绝承认胡克的功绩。

1680年，天文学家爱德蒙·哈雷（1656—1742）在法国旅游时发现了一颗彗星，并且进行了连续的观测。1682年，哈雷又观测到了一颗大彗星，后来被命名为哈雷彗星的那一颗。当时，人们普遍认为彗星是太阳系中随机出现的外来天体，它们不受任何定律的约束。

1684年1月，在伦敦的一家咖啡馆里，哈雷、胡克和雷恩等人聚会。期间，他们讨论了行星运行的轨道问题。哈雷说他曾经试图用"平方反比律"计算行星轨道，但是没有成功。胡克夸口说他已经有了计算结果，但要等到别人都失败了才把结果公布出来。雷恩于是向哈雷和胡克提出挑战：谁能够在两个月内完成从"平方反比律"得到行星椭圆轨道的证明，他就奖励一本价值40先令❶的书。

两个月的时间很快过去了，哈雷和胡克最终都没有赢取雷恩的奖品。

1684年8月，哈雷专程到剑桥大学向牛顿求教，牛顿在当时已经有些名望。牛顿告诉哈里，如果"平方反比律"成立，那么行星的轨道曲线的形状应该是椭圆，他早前已经完成了这一证明。可是，牛顿在论文堆中找了半天，没有找出这篇论文。牛顿答应哈里为他重新写一份。1684年12月初，牛顿把重新整理出来的论文（共9页）寄给了哈雷。在这篇连题目都没有拟出的论文中，牛顿讨论了在中心吸引力的作用下天体运动的轨迹。在"平方反比律"的条件下，他证明了行星的运行轨道是椭圆，并由此推导出了开普勒定律。在论文中牛顿称吸引力为重力，找不到万有引力这个术语。

更深入的思考促使牛顿写了第二篇论文。他用了八九个月的时间写完了一篇题为《论物体的运动》的论文，牛顿把它作为讲义提交给剑桥大学图书馆。在这篇论文中，牛顿解决了惯性问题，并以月球围绕地球运动为例进行了讨论。牛顿认为地球吸引着月球，地球的重力使月球连续偏离直线运动，停留在其椭圆轨道上。月球的椭圆轨道运动可以看成惯性运动和自由落体运动的合成运动，如图10.2所示。月球如果不受地球的吸引，将因为惯性进行匀速直线运动；另一方面，如果月球在与地球连线垂直的方向上的速度为零，它将成为自由落体。

---

❶ 英国的旧辅币单位。1英镑=20先令。1971年英国货币改革时被废止。

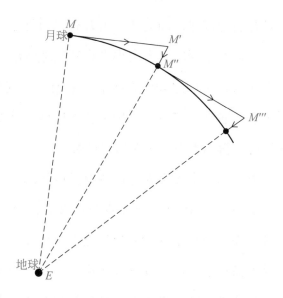

图10.2 牛顿把月球运动看作直线惯性运动和自由落体运动的合成

牛顿将引力表述为"所有行星彼此之间的相互作用"。如果某颗行星围绕太阳旋转,那么二者将围绕一个公共中心运转。太阳系中,行星众多,每颗行星对太阳都有引力,并且行星之间也有引力。因此,行星运行的轨道并非完美的椭圆,甚至两次运行的轨迹也不会完全相同。

牛顿经过严密的数学论证,得出结论:万物彼此都吸引着,这个引力的大小与各个物体的质量成正比例,而与它们之间的距离的平方成反比例。牛顿建立了万有引力定律,它的数学公式为:

$$F = G\frac{Mm}{r^2}$$

式中,F为两个物体的吸引力;M和m分别为互相吸引的两个物体的质量;r为它们的距离;G为万有引力常数。万有引力常数的大小与质量和距离的量纲有关。

牛顿发现了万有引力定律，却无法给出万有引力常数 G 的数值。一般物体的质量太小了，它们之间的引力大小很难精确地测出来，而天体的质量又太大了，也无法获得它们之间引力的准确数值。直到100多年后，英国物理学家亨利·卡文迪许（1731—1810）利用扭秤巧妙地测出了地球的密度，通过计算就可以得出万有引力常数 G 的数值。

　　牛顿是人类历史上第一个提出人造地球卫星概念的人。由于惯性和万有引力，行星会保持于某一轨道。一块石头投出后，由于自身重量的作用，被迫离开直线路径，如果单有初始投掷速度，理应按直线运动，而这时石头的轨迹在空中描出了曲线，最终落在地面；投掷的速度越大，它在落地前走得越远。于是我们可以假设当速度增加到如此之大，以至于在落地前描出一条1、2、5、10、100、1000英里❶长的弧线，直到超出了地球的限度，进入外太空永不触及地球。牛顿所论述的地球卫星的发射原理见图10.3。

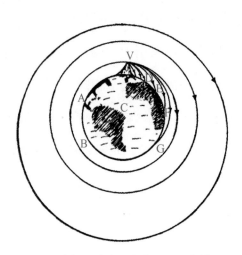

图10.3　牛顿所论述的地球卫星的发射原理

　　1687年，在哈雷的资助下，牛顿出版了他的名著《自然哲学的数学原理》，《论物体的运动》这篇论文的内容被收录其中。牛顿由此开辟了一个全新的宇宙体系，天文学中的一个重要分支——天体力学诞

---

❶ 英里，英制长度计量单位，1英里 = 1.6093千米

生了，它使人们可以用较高的精度计算出太阳系中行星在万有引力作用下的运动。

1519年至1522年，葡萄牙探险家斐迪南·麦哲伦（1480—1521）率领的船队完成了人类历史上首次环球航行，证实地球确实是个球体。但是，人类对地球形状的认识并没有因此终止。地球是个什么样的球体呢？是浑圆体还是椭圆体？是扁球体还是长球体？是规则的还是不规则的？

根据万有引力定律，牛顿提出地球表面与地心的距离随纬度的增加而变短，地球的赤道半径比极半径要大（如图10.4）。由于地球绕轴自转，它不可能是正球体，而是一个南北极被压缩、赤道隆起的扁球体，像一个橘子。牛顿这个解释遭到巴黎天文台第一任台长卡西尼（1625—1712）的强烈反对。卡西尼父子曾对从巴黎到其以北的城市敦刻尔克之间的子午线进行过弧度测量，根据这些很不精确的测量数据，他认为地球的赤道半径比极半径要小，更像一个西瓜。为了解决这个争论，法国国王路易十四同意法国科学院组织全球性大规模的实际测量。1835年，法国科学家组成了三支测量队伍。一队远征到南纬2°秘鲁北部近赤道的地方，一队深入到北纬66°北极圈附近的拉普兰地区，还有一队留在法国本土，同时测量地球的半径。这次测量历经10年，终于得出了对子午线长度的测量结果。牛顿是完全正确的！结果一公布，便轰动了巴黎科学院，也轰动了整个

图10.4 地球的赤道半径略大于极半径

欧洲。

　　牛顿应用万有引力正确地解释了潮汐现象（图10.5）。他认为潮汐现象主要是由太阳作用于地球上的引力引起的，这个引力随着到太阳的距离增大而减小。地球白昼一边的半球上，作用于海水的引力比作用于地球陆地部分的引力更大一些，海面就有相对于海底向上升得更高的趋势。而黑夜一边的半球上，情形则相反，海底相对于海面被太阳的引力往下拉。黑夜和白昼两种引力效应都造成地球的海水往外鼓的效果。考虑到地球自转的因素，潮汐波总是围绕着地球运动，波动周期恰好为24小时。月球的引力也会使地球的向月面和背月面的海水升高，只是作用力要小些。当太阳、月球和地球依次排列在一条直线上时，就产生大潮；当太阳、地球和月球构成直角时，就产生小潮。

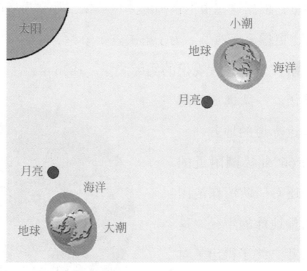

图10.5　潮汐现象的原理

　　1781年3月，英国天文学家威廉·赫歇尔（1738—1822）发现了一颗新的行星，即天王星，轰动一时。天王星被发现以后，在其围绕太阳公转的运行轨道已经完成了近一圈时，天文学家在其轨道路径上发现了一系列的不规则性，在当时，应用万有引力定律无法解释这一现象。然而，假设有一个更远的未知行星，它的引力在影响天王星，那么这些摄动就可以得到完美的解释。1844年，英国天文学家、剑桥大学的教授约翰·柯西·亚当斯（1819—1892）仔细研究了当时的观测资料，根据万有引力定律，推算了天王星轨道被一颗当时尚未发现的行星影响的可能性，最终，他计算出这颗未知行星的可能位置。1845年10月和次年9月，他分别向剑桥大学天文台和格林尼治天文台前后共6次提交了计算结果，但是并未引起重视。1846年9月23日，法国的天文学家勒维耶（1811—1877）向柏林天文台提交了他的计算结果，这个结果是他独立完成的。天文学家伽勒（1812—1910）等人只花了一个小时，就在离勒维耶预言的位置相差不到1度的地方，发现了一颗未知行星。后来，这颗行星被命名为海王星。

万有引力到底是什么？物体之间依靠什么产生引力作用？

牛顿在给英国古典学家理查德·本特利（1662—1742）的一封信中写道：就物质来说，重力应当是生来就有的、固有的和必不可少的，因此，一个物体可以通过真空超距离地作用在另一个物体上而不需要任何其他的物质，它们的作用和力可以通过真空从一个物体传递到另一个物体，这种观点在我看来是荒唐的，以致我认为没有一个在哲学上有足够思考力的人会同意这种观点。显然，牛顿本人拒绝万有引力是超距离作用的解释，并相信最终一定能够找到某种物质作用来说明引力。

1916年，爱因斯坦创立了广义相对论，他将牛顿的万有引力定律作为一种近似的自然规律保留下来。有质量的物体周围分布着引力场，引力场被爱因斯坦描述为因质量而弯曲的时空。具有质量的物体加速运动会辐射引力波，引力波是以光速传播的，并且携带能量。

1974年，天文学家在距地球1.7万光年的天鹰座中发现了一对中子星，它们相互高速绕转。根据广义相对论，它们会发射引力波。因为引力波会带走一部分能量，所以它们的运行轨道会以螺旋式缓慢衰减，相互靠近。为此，天文学家一直在进行测量，1978年，终于测到它们轨道的衰减率，这个数值与广义相对论的预言基本一致。

第11章

光的本性和光谱

1604年，德国的开普勒发表了《前维特利奥纪事》一书，其中收录了他关于光学的研究成果。开普勒错误地认为光能够传播到无限远的空间，并且不需要时间。因为光不是物质的，所以没有抵抗力，动力使光具有无限的速度。对于颜色现象，他无法给出令人满意的解释。他假想颜色是因为有色物质的透明度和密度大小不同而产生的。

法国的笛卡尔通过凝视一颗大水滴或者装满水的玻璃球来研究其内部的颜色。他发现这种现象非常类似于太阳光下的肥皂泡、云母片、鱼鳞或昆虫翅膀中出现的光芒。1637年，在《屈光学》一书中，笛卡尔将视觉同一个盲人感知周围物体的过程相比较，认为光是一种作用或者压力，从发光体经过介质传播到眼睛，如同一个物体的运动或者抵抗通过盲人的手杖传递到他的手上。笛卡尔相信光的传播是即时的，不需要时间。关于颜色，他猜想是以太颗粒的旋转产生了颜色，以太颗粒旋转得越快，颜色越偏红。笛卡尔认为最重要的光源是空间物质形成的炽烈的涡旋中心，太阳和恒星都是这样的涡旋中心，它们的外向压力除了照耀行星以外，还要抵御附近恒星的外向压力，以保持自己独立的存在。

1665年1月，罗伯特·胡克的名著《显微图集》问世。在这部著作里，除了植物、动物和矿物的显微结构的素描以外，他还研讨了各种透明薄膜的闪光颜色，例如云母薄片、肥皂泡、吹起的玻璃、水上的油等。在研究云母薄片时，胡克注意到在一定厚度范围内，云母薄片里会出现五颜六色的图案。胡克认为薄片每个部位的颜色取决于该部位的厚度，厚度的分等决定了颜色的分层。他将两块玻璃板放在一起，中间留有一层空气膜，也得到了类似的颜色效应。胡克给出了光的波动理论的粗略轮廓，认为光是发光体微粒的小振幅的快速振动，通过弥漫在空间的均匀介质，向四周传播，其速度无比大但不一定无限大。这些振动呈一系列球脉冲扩散，每个球通常成直角地截断光线。当圆球形脉冲向光的传播方向倾斜（例如由于折射）时，无色光就变成有颜色的光。蓝色和红色是原色。他说："蓝色是一种最弱部在前面、最强部在后面的弄混乱了的斜向光脉冲在视网膜上的印象；而红色则是一种最强部在前面、最弱部在后面的弄混乱了的斜向光脉冲在视网膜上的印象。"其他颜色都是由这两种颜色合成和冲淡而产生的。

　　1678年，在法国科学院的一次会议上，惠更斯发表了一篇关于光的理论的论文。惠更斯假定空间中存在着无所不在的以太，光是发光体产生的振动在以太中的传播过程。1690年，惠更斯在其《光论》一书中提出：光波向外辐射时，光的传播介质中的每一个物质粒子不只是把运动传给前面的相邻粒子，而且还传给周围所有其他和自己接触并阻碍自己运动的粒子。因此，在每一个粒子周围就产生了以此粒子为中心的波。他把光的传播路径上的每一个质点都看成一个中心，在它的周围又形成一个子波。如

图11.1所示，如果DCF是从作为中心的A点开始的球面波，那么在这球面内的质点B将是和DCF相切于C点的球面波KCL的中心。这样，在球面DCF内的每个质点又都形成它们的子波。此后，每一时刻的子波波面的包络就是该时刻总波动的波面。子波的波速和频率等于初级波的波速和频率。这就是著名的惠更斯原理。惠更斯原理可以很好地解释光的反射和折射等现象，但是无法解释光的偏振现象以及光的颜色问题。

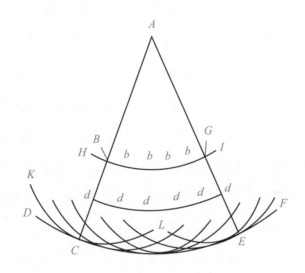

图11.1 惠更斯的光波传播原理

1704年，牛顿在著作《光学》中，提出了自己的光学理论，即光的微粒说。他认为光是由非常微小的粒子组成的流，而普通物质是由较粗粒子组成的，并推测它们可以互相转化。发光物体接连不断地向周围空间发射高速直线飞行的光微粒流，一旦这些光微粒进入人的眼睛，冲击视网膜，就引起了视觉。牛顿反对光的波动说，一个重要的理由就是他认为波动说不能完美地解释光的直线传播特性。在他看来，波动说的基本假定本身似乎是不成立的，这个基本假定就是像光线一样的任何一种流的波动或振动都能够以直线传播，而不会有连续的和过度的蔓延，不会以某种方式弯进这种使它们终止的静止介质中。光的微粒说可以轻而易举地解释一些常见的光学现象，例如光的直射、反射和折射现象等，所以很快获得了牛顿的承认和支持。

由于牛顿后来拥有了巨大的学术权威，所以惠更斯的波动说被搁置在一边，直到1801年英国著名的物理学家、医生托马斯·杨（1773—1829）成功地完成了著名的双缝干涉实验，双缝干涉实验证明了光确实是以波动形式存在的。1905年，爱因斯坦对光电效应给出了合理的解释，他将光束描述为一群离散的量子（现称为光子）。1916年，美国物理学者罗伯特·密立根（1868—1953）做实验证实了爱因斯坦的光电效应理论。这说明光具有波粒二象性，即光除了波动性质以外，也具有粒子性质。光具有波粒二象性，并不能说明牛顿的光的粒子说是正确的。在物理性质上，牛顿所认为的光微粒和光子只有极小的相同性。

牛顿对光学现象的研究可以追溯到1664年，当时他还是一名剑桥大学的学生。他亲手磨制了球形以外的其他形状的光学玻璃，制作了一块三角形玻璃棱镜，并用它实验了光的颜色现象。在此之前，很多物理学家讨论过白光分散或者聚焦形成颜色的问题，一些人认为棱镜的折射产生了真实的颜色，而不是仅仅将已经存在的颜色分离出来。例如牛顿在剑桥大学的老师、数学家伊萨克·巴罗（1630—1677）就主张一种理论，认为红光是大大地浓缩的光，而紫光是大大地稀释的光。

有一天，牛顿的灵感突然来了，他设计了一个发现太阳光谱的棱镜实验。1672年，牛顿在《哲学学报》上发表的一篇论文详细描述了这个实验。他把房间弄暗，在窗板上钻了一个小孔，让适量的日光照进来。再把棱镜放在日光入口处，于是日光被折射到对面墙上。当看到由此而产生的鲜艳而又强烈的色彩时，他起先感到这真是一件赏心悦目的乐事；可是当他过一会儿再更仔细地观察时，感到很吃惊，它们竟呈现长椭圆的形状——按照公认的折射定律，他曾预期它们是圆形的。牛顿将白光被棱镜分离出颜色的现象称为色散，将色散形成的连续颜色图案称为光谱，并大致地分出赤橙黄绿青蓝紫七种颜色。牛顿对此产生怀疑，这些光线是否在它们通过棱镜以后以曲线前进，并按照它们或多或少的弯曲性向着墙的若干部分行进？当他回想起自己经常看见的网球以斜拍打出去时，就划出了这样一根曲线，因而这增加了他的怀疑。由于同样的道理，如果光线也是球形颗粒组成的流，并且当它们从一种介质斜穿过另一种介质时获得了旋转的运动，在运动发生的那一面，它们应当受到围绕着它的以太更大的阻力，因此它连续地弯向别处。

　　这些怀疑终于导致牛顿做了一个重要的判决实验。如图11.2所示，他取来两块板，把其中一块放在靠近窗户的棱镜后面，在这块板上钻了一个小孔，使光线可以通过这个小孔并落在另一块板上；把另一块板放在约有12英尺远的地方，并在第二块板上也钻一个小孔，让入射光线的一部分通过它。然后，再把另一块棱镜放在第二块板后面。接着，牛顿让第一个棱镜绕着它的轴转动，使得落在第二块板上的像上下移动，同时使光线的所有部分都能相继通过该板上的小孔，并射到它后面的棱镜上，记下光线落在墙上的地方。在第一个棱镜上被折射得最厉害的蓝光，也在第二个棱镜上受到最大的折射，而红光在这两个棱镜上都被折射得最少。真实原因被发现了，由于光不是同类的或均匀的，而是由不同类型的光线组成的，其中一些比另一些更能被折射。

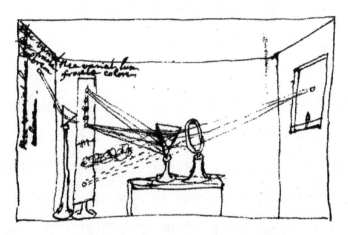

图 11.2　牛顿双棱镜实验的手绘设计图

根据实验的结果，牛顿认为日光以及一般的白光是由不同颜色的光微粒混合而成的，这些颜色是这光的"原始的、与生俱来的性质"；三角形的玻璃棱镜并没有给白光染上颜色，而只是改变了不同颜色的光微粒的传播路线。什么颜色永远属于什么样的可折射度，而什么样的可折射度也永远属于什么样的颜色。

伽利略望远镜、开普勒望远镜均属于折射式望远镜，牛顿断定白光在穿过透镜成像时会被透镜聚焦在不同的点，而不能形成非常清晰的像。这是一个错误的判断，因为后来有人将由光学性质不同的玻璃制成的凸、凹透镜黏合在一起，制作出了消除色差透镜。牛顿由此对设计望远镜产生了浓厚的兴趣，成功地研制出反射望远镜。他的方案就是避免在光路中使用透镜。如图11.3所示，使用凹面反射镜M和平面反射镜M′组合来反射光线，并且让主反射镜聚焦在点O′（如果没有平面反射镜M′，光线将聚焦在点O），这时将目镜安放在点O′，就可以观察到清晰的影像。1668年，牛顿制造出世界上第一架反射望远镜，它长6英寸，直径1英寸，能够放大30～40倍。后来，他又制作了一架更大的望远镜，并且亲自为英国国王做了表演。1672年1月，牛顿把它赠送给了皇家学会。这架望远镜一直保存在皇家学会的图书馆里。

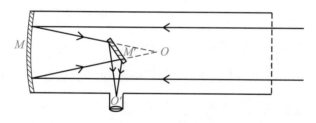

图11.3 牛顿反射望远镜的成像原理

牛顿还研究了光的衍射现象。衍射现象首先是由博洛尼亚耶稣会学院的数学教授格里马尔迪（1618—1663）发现的，他在著作《光的物理数学》中描述了它。通过一个小孔把光束引入暗室，让在光束中的一根竿形成的影子落在白色的墙上，这个影子比计算得出的几何影子更宽，并且这个影子跟一个、两个（有时是三个）色带相邻接。除此之外，当光很强时，色带会进入到影子里面。这个实验验证了光线能略微地绕过边缘的事实。牛顿对格里马尔迪实验中形式重复的部分进行了修改，重新做了这个实验，并且用微粒说解释了衍射现象。

牛顿还有一项发现，就是所谓的牛顿环。当把一块凸透镜放在一块平板玻璃上时，在接触点的周围就会形成牛顿环。胡克曾经用两块平行的玻璃板观察过类似的现象。取两块玻璃，一块是14英尺的望远镜用的平凸透镜，另一块是50英尺左右的望远镜用的大型双凸透镜。在双凸透镜上放上平凸透镜，使其为平面的一面朝下，这时慢慢把它们压紧，使得圆环的中心陆续出现各种颜色，然后再把上面的玻璃镜慢慢抬起，使之离开下面的玻璃体，于是这些颜色又在圆环中心相继消失。牛顿测量了前六个圆环亮圈的空气薄层的厚度，发现它构成了一个由奇数所构成的算术级数，即1、3、5、7、9、11；另一方面，相对应暗圈空气薄层的厚度是由偶数构成的算术级数，即2、4、6、8、10、12。牛顿用微粒说解释了这些现象，提出了光的"易反射"和"易透射"假说。

光的衍射和牛顿环现象是验证光具有波动性的最好例子，但是牛顿固执地坚持光的微粒说，至死也不愿意接受光具有波动性。

1802年，英国化学家威廉·海德·沃拉斯顿（1766—1828）重复进行了牛顿的棱镜实验。他在窗板上切开了很细的狭缝替代小圆孔，并且选用了一块质量非常好的三角形玻璃棱镜。他注意到前人都忽略的一个细节，就是发现太阳光谱不是连续的，其中有不易被察觉的细细的暗线。这些暗线代表着什么？沃拉斯顿猜测其中重要的5条是纯粹单颜色光在光谱上的自然界标或分界线。

大约在1809年，德国的玻璃制造商约瑟夫·冯·弗劳恩霍夫（1787—1826）也注意到自己生产的棱镜产生的光谱中有一些细细的暗线。刚开始，他认为这也许是产品质量问题，于是不断地优化工艺，提高棱镜的质量，但是始终都无法消除这些暗线。这些暗线的位置非常固定，他领悟到这应该不是产品的问题，而是太阳光本身的属性造成的。

在努力测定玻璃对特殊颜色的折射率以便设计更为精密的消色差透镜时，他发现油灯和牛脂灯的光谱有橙黄色的双线，且总是精确地出现在同一个位置，后来这个橙黄色的双线被称为钠线。1814年，弗劳恩霍夫进一步研究了太阳光谱。我希望在太阳光谱中找出油灯光谱中的类似明线，但是我用望远镜没有发现这条明线，却发现了大量强的和微弱的竖直的线，然而，它们比起这个光谱中其他部分更暗，有一些几乎全黑。他发现在明亮的彩色背景下，太阳光谱有576条狭细的暗线，现在被称为弗劳恩霍夫线。其中明显的暗线有8条，他用字母A到H标识，钠线位置的暗线被标为D线。

弗劳恩霍夫还发明了衍射光栅，这是一种比棱镜更有效地分离、辨识光谱的装置。他是第一个观察光栅光谱的人，最先用光栅测定了光的波长。他做了10个光栅并且利用每个光栅精确地找出了D线的波长。

因为长期从事玻璃生产而重金属中毒，弗劳恩霍夫不到40岁就去世了，他至死也没有弄明白弗劳恩霍夫线意味着什么。30年以后，在1859至1862年期间，德国海德堡大学的物理学家古斯塔夫·罗伯特·基尔霍夫（1824—1887）和化学家罗伯特·威廉·本生（1811—1899）共同工作，才完全解开了光谱的秘密。

不同的矿物质因为含有不同的金属，在燃烧时就会释放出不同的颜色。1855年，本生在助手的协助下发明了本生灯，这是一种利用煤气为燃料的加热器具，可以得到不发光的高温火焰。基尔霍夫和本生花了很长的时间对矿物质中的金属进行提纯，并应用本生灯逐个加热纯化的金属，再用光谱仪观察它们在炽热时发出的光。他们发现每种金属元素都有自己特定的谱线，例如金属钠，加热后有两条亮丽的黄色谱线，恰好就在弗劳恩霍夫标识的D线位置。于是，他们提出物质燃烧时光谱中的明线可以作为存在这种元素的确实标记。同时，基尔霍夫提出太阳光谱中的暗线不是由地球大气层形成的，而是在穿透太阳大气层时，其中的元素会吸收光谱中对应的那些明线而形成的。他认为，一种带颜色的火焰光谱包含了明亮的锐线，当这些谱线的色光通过火焰时，这些带颜色的光线被减弱到很低的程度，以至于只要在火焰后面放上足够强的灯光，暗线就会代替明线而出现，要不然就是在这灯光中不存在这些谱线。他断定太阳大气层中存在钠、镁、铜、锌、钡、镍等元素。后来的科学家将太阳光谱中的暗线与地球上的元素光谱进行比对，很快确认出太阳大气层中还存在氢、氧、碳、钠、铁等元素。

1868年，法国天文学家让桑（1824—1907）旅行到印度研究日全食。日食期间，他观察到太阳光谱中有一条陌生的黄色暗线。他将相关资料寄给了英国天文学家洛克耶（1836—1920）。同年10月，洛克耶也观察了这条黄线。洛克耶把这条黄线的位置与地球上已知所有元素的谱线加以比较，始终找不到对应的元素，于是断定这是在太阳上才有的一种金属元素，并根据希腊文的太阳神一词，把这个元素取名为氦。在洛克耶宣布太阳上存在氦元素的差不多四十年后，在地球上才发现了它。

第12章

显微镜下的新世界

公元前3500年，埃及人首先发明了玻璃。玻璃是由多种无机矿物在热的作用下形成的坚固而又透明的物体，在人类文明史中发挥了举足轻重的作用。

公元1世纪，罗马人透过透明的玻璃观察事物，发现如果把边缘薄中间厚的玻璃片放在物体上面看，物体就会被放大。英文透镜一词Lens就是由拉丁词汇Lentil（小扁豆）演化而来的，因为它看起来像一枚小扁豆。

发明复式显微镜的荣誉也许属于荷兰的眼镜制造商扎哈里耶斯·詹森（1585—1632）。他在直径约5厘米、长约30厘米的三节锡管的两端，分别装上凸透镜和凹透镜，组合成了一台复式显微镜，如图12.1所示。对于放在显微镜支座上的小物体，当从镜筒看去时，显得大了许多。但是，早期的显微镜结构简单，放大倍率只有9倍，并且图像模糊不清，在科学研究中并没有太多的实际价值。荷兰米德尔堡科学协

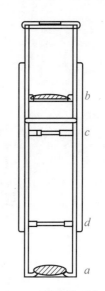

图12.1 早期制作的有两个透镜的复式显微镜

113

会保存了一架这种样式的显微镜，据说就是詹森制造的。

伽利略是第一个（1609年）将复式显微镜用于科学研究的人。他除了制作出天文望远镜以外，还专门制作了一台显微镜，通过它观察了昆虫的运动器官和感觉器官，尤其是昆虫的复眼结构。

让显微镜受到广泛关注的是英国的物理学家罗伯特·胡克。1662年，胡克被任命为英国皇家学会的实验室助理，主要职责是为每次会议准备三到四项实验，以解决学会的不时之需。期间，他根据学会一位院士提供的资料，制作了一台复式显微镜。如图12.2所示，其物镜为一个半球形单透镜，目镜为一个平凸透镜。镜筒长6英寸，可以用一个附加的拉筒来加长。镜筒用螺丝安装在一个可活动的环上，然后再安装在一个立架上。待

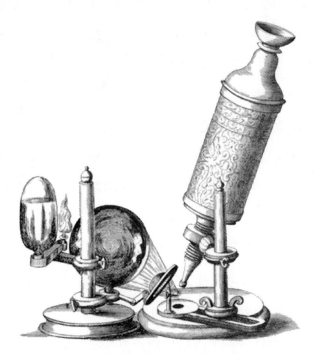

图12.2　胡克使用的复式显微镜

观察的物体被固定在一个从底座伸出的针状物上，并用一只灯来照明，灯上附装有一个球形聚光器。

胡克应用这台显微镜对微观世界进行了观察，为自己的作品《显微图集》积累了大量的素材。1665年1月，胡克的《显微图集》正式出版。书中收集了57幅精确而美丽的素描，这些素描大部分是胡克本人所作（胡克从小就学习了绘画，掌握了精湛的技巧），也有少部分出自建筑师雷恩之手。这些素描是历史上首次展示的微观世界的观察结果，例如苍蝇的眼睛、蜜蜂刺等器官的形状、跳蚤和虱子的解剖图、羽毛的结构以及霉菌的形成等。

这本书为人们提供了明晰而又美丽的记录和说明，开创了科学界借用图画工具进行阐述和交流的先河，立即引起了轰动效应。例如著名的英国作家、政治家、海军大臣塞缪尔·佩皮斯（1633—1703）对《显微图集》如痴如醉，他甚至一直熬夜到第二天深夜两点来读这本书，把它称为"这一辈子读过的最别出心裁的书"。

虽然没有发布新理论，但是胡克开创了科学观察的新纪元。

他还用显微镜观察到了软木物品上的腔室结构（图12.3），并使用细胞（cell）一词来描述它，细胞这一术语后来被生物界采用。这一发现激发了人们对动物和植物细胞学的研究热情，胡克也因此成为生物学研究的奠基人之一。

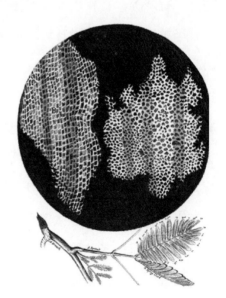

图12.3 《显微图集》中的插图——软木腔室结构和含羞草叶片

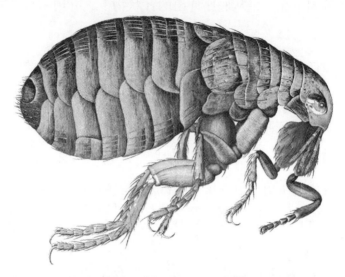

图 12.4 《显微图集》中的插图——栩栩如生的跳蚤

胡克画了很多非常精细、栩栩如生的微小生物，如跳蚤（图 12.4）、苍蝇、蜘蛛等，直接引发了神学界大规模的舆论关注：这些微小生物是不是曾经被造物主精心设计？否则怎么可能拥有如此奇妙的精细结构？这些激烈的争论促使年轻的达尔文（1809—1882）立志进行生物学研究以证明这类想法是否属实。

1831 年 12 月，达尔文毅然登上英国皇家海军的贝格尔号（也称小猎犬号）沿途考察，他采集了地质、植物和动物等无数的标本。通过对这些标本的整理和研究，达尔文开始思考物种起源和生命进化的理论。

十七世纪，单式显微镜也开始被广泛应用。早期的复式显微镜由于玻璃材质以及制作工艺等原因，放大倍率和成像效果都比较差，致使很多人宁愿放弃复式显微镜而使用单式显微镜。

1646 年，德国的耶稣会教士阿塔纳修斯·基歇尔（1601—1680）使用的单式显微镜就颇具代表性。如图12.5（a）所示，它是一个只有拇指大小的短筒镜，一端有一个凸透镜，另一端是平面玻璃。待观察的物体靠着平面玻璃放置，由一支蜡烛提供照明，通过凸透镜将物体放大并进行观察。

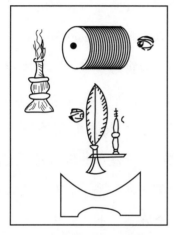
(a) 基歇尔的单式显微镜

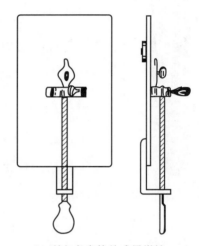
(b) 列文虎克的单式显微镜

图12.5　单式显微镜

荷兰的布匹商人安东尼·冯·列文虎克（1632—1723）在单式显微镜的发展史上写下了浓浓的一笔。列文虎克受教育的程度不高，但是非常喜欢读书，当胡克的《显微图集》出版以后，他也买来了一本。这本书的序言中也讲解了制作简单显微镜的方法。列文虎克本来就想拥有一台自己的显微镜，这更加激发了他的欲望。他从一位朋友那里得知，荷兰最大的城市阿姆斯特丹有许多眼镜店，但是磨制透镜的费用十分高昂。列文虎克决定亲自制作，他投入了大量的时间磨制镜片。透镜直径越小，放大倍率越高。列文虎克发明了一种研磨和抛光透镜的方法。列文虎克磨制的透镜直径最小的仅有3mm，质量远远超过同时代的其他人。

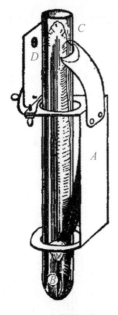

图12.6　列文虎克的
显微镜及鱼尾标本

如图12.5（b）所示，列文虎克的单式显微镜只是一个单透镜，有一个专门制作的架子，单透镜被镶在上边，观察者可以将眼睛紧贴在透镜上。单透镜的下边装有一块银或铜的平板，上面有小孔，以使光线从这里透射并反照在所观察的标本上。透镜与标本的距离可以用螺丝加以调节。

为了方便观察，他将每一个标本都固定住，然后为新研究制作了一台新的显微镜。如图12.6所示，这是列文虎克观察鱼尾血液循环的一台显微镜。鱼的标本B放在一个盛水的玻璃管C里，玻璃管固定在一个金属架子A上，一块安有放大透镜的金属板D也固定在金属架子上。

列文虎克的显微镜的放大倍率竟然达到了270倍，是那个时代最先进的显微镜。列文虎克用显微镜观察了手指上粗糙的皮肤、蜜蜂腿上直立的短毛。随后，他又观察了蜜蜂的螫针、蚊子的长嘴和一种甲虫的腿……他对观察任何东西都感兴趣。要知道，当时英国胡克的复式显微镜的放大倍率只有20到50倍，已经让英国皇家学会的同事惊叹不已了。胡克用复式显微镜只能观察到微小昆虫的身体部位的细节，而列文虎克可以观察到肉眼根本无法看到的微生物。在露天的积水中，他发现了微生物，并且给微生物起了个名字，叫狄尔肯。他发现，一个粗糙沙粒中有100万个这种小东西；而在一滴水中，狄尔肯不仅能够生长良好，而且能活跃地繁殖，一滴水中能够寄生大约270多万个狄尔肯。列文虎克曾在一封信中描述了这个存在于一滴水中的世界。我现在可以很清楚地看到这里面有小鳗鱼或者蠕虫，全聚集在一起不停地蠕动……整个水滴似乎都因为这些各种各样的极微生物而充满生气……就我个人来说，我必须得承认没有比这些数以千计的生物更让人愉悦的景象在我的眼前出现过，在一小滴水中都是那么生机勃勃。

1673年，列文虎克将论文《列文虎克用自制的显微镜观察皮肤、肉类以及蜜蜂和其他虫类的若干记录》提交给英国皇家学会。几经周折，列文虎克的研究成果得到了英国皇家学会的承认。这份论文被翻译成英文，在学会的刊物上发表，在学术界立即引起了轰动。

同年，列文虎克详细地描述了他对人、哺乳动物、两栖动物和鱼类等的红细胞的观察情况，并把它们的形态结构绘成了图画。

1677年，列文虎克同他的学生哈姆一起，共同发现了人、狗和兔子的精子。

1683年，列文虎克在人的牙垢中观察到比"微动物"更小的生物。直到200年之后，人们才认识到它们是无处不在的细菌。

1688年，列文虎克在显微镜下观察到蝌蚪尾巴的血液回流的现象，证实了毛细血管的存在。他相继在鱼、蛙、人、其他一些哺乳动物及一些无脊椎动物体内中观察到毛细血管。

随着列文虎克的名气越来越大，不少媒体记者争相采访。一天，有位记者来采访列文虎克，问道："列文虎克先生，你成功的秘诀是什么？"列文虎克想了片刻，他一句话也不说，只是伸出了因长期磨制透镜而满是老茧和裂纹的双手。列文虎克的一生共留下了247个显微镜和172个透镜。其中最小的焦距只有5毫米左右，直径不到3.2毫米，其放大率可达300倍，分辨率为1微米。凭借这些显微镜，列文虎克成了显微镜学家和微生物学的开拓者。

　　最后，还必须提到英国科学家斯蒂芬·格雷（1666—1736），他直接利用水滴作显微镜的透镜，制作出设计精巧的水显微镜。如图12.7所示，这台仪器的构架用黄铜制造，在A处钻有一个小孔，金属架的表面沿着孔周围每一面都有一个球形凹陷；在使用这台显微镜时，孔和凹陷都充满水，构成一个双凸透镜。这个显微镜用来观察放在点F处的小物体或者孔C处的水滴。物体相对于透镜的位置可以调节，只需围绕E转动支架CDE，以及转动螺丝G，后者从D点作用于支架使之弯向或者离开构架AB。这样，物体就可以处在焦点的位置上。B处的金属较厚，有一个小孔，孔里可形成一个水滴，借助从水滴对面反射过来的光，就可以观察到水滴中的微生物。

图12.7　斯蒂芬·格雷的水显微镜

第13章

流体和空气的性质

两千多年以前，亚里士多德相信空气具有轻的属性，能够像火一样上升，因此空气是没有重量的。

从1614年开始，伽利略用实验证明了空气是有重量的。他取来一个玻璃泡，用注射器向其中强迫注入空气，然后将玻璃泡的开口密封。他仔细称量这个充满了压缩空气的玻璃泡，当天平精确平衡后，打开玻璃泡的封口，让其中的空气跑出来一些。再次称量玻璃泡，发现它明显地轻了一些。在证明了空气具有重量之后，伽利略着手测量空气的密度。他给一个充满空气的玻璃泡注入四分之三的水，但不让空气逸出。这样，这个玻璃泡的四分之一部分是压缩空气。这时，他精确地称出玻璃泡的重量。然后，让玻璃泡里的空气正常逸出，而水仍然保留在玻璃泡里，再称出玻璃泡的重量。比较两次称量的结果，其差值就是正常状态下玻璃泡中四分之三体积的空气重量。伽利略估算出水比空气重约400倍。而水比空气实际重约773倍，估算误差也许是当时使用的天平不完善造成的。

伽利略虽然测出了空气的重量，却没有解开抽水机使水上升现象的奥秘。亚里士多德不承认真空的存在，曾把抽水机使水的上升归结于大自然厌恶真空造成的。受到了亚里士多德的影响，伽利略试图测量出阻止真空

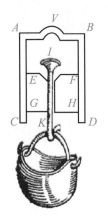

图13.1　伽利略测定真空的阻力

形成的力。在《关于两门新科学的对谈》一书中，萨耳维亚蒂对这个实验进行了描述（如图13.1）：为了把真空的力和其他力分离开。为达到此目的，让我们考虑一种连续物质，它的各部分都丝毫不分离，由真空而来的力除外。例如水就是这种情况。……每当一个水柱受到一个拉力作用并对各部分的分离表现出一个阻力时，这就可以归因于真空的阻力。为了尝试一下这种实验，我曾经发明了一种装置。我可以用示意图而不仅仅是用文字来更好地说明它。设*CABD*表示一个中空的圆筒截面，筒体用金属，或者更可取的，用玻璃精密加工制成。在筒里再放入一个纹丝不差、恰好容下的木柱，其截面用*EGHF*表示，它能上下运动。这个柱体的中轴钻有一个孔，以穿过一根铁丝，铁丝的下端*K*装有一个挂钩，而上端*I*有一个圆锥头。这个木柱顶部开有一个凹陷，以便当下端*K*被拉下去时，精确适当地容纳铁丝*IK*的圆锥头。

现在将木柱*EH*放进空心圆筒*AD*中，但不让它触及后者的上端，而留出二三指宽的空隙。给这个空隙注满水，其方法是将容器放好，使管口*CD*朝上地拿住，并把木塞*EH*往下拉，同时使铁丝的圆锥头*I*脱离木柱顶端的凹陷。这样，一旦按下木塞，空气便沿着铁丝（它未与孔紧密配合）逸出。在空气逸出以后，铁丝的头又回到木筒的锥形凹陷之中。把这容器倒过来，使它的口向下，再在挂钩*K*上挂上一只桶，桶内可装上沙子或其他沉重的东西，其数量足以使木塞之上表面*EF*与原来只是由于真空的阻力而吸附于水的下表面相分离。然后，把木塞和铁丝连同桶及内装物料一起称量，我们就可以得出真空形成的力。

根据维维安尼的回忆，1592年，伽利略利用空气热胀冷缩的原理制作了近代第一支空气温度计。如图13.2所示，伽利略的空气温度计主要是由一个下端开口、上端为封闭玻璃泡的玻璃管与一只水容器构成。伽利略先使玻璃泡受热，然后把开口端插入到水中，使水沿玻璃管上升到一定高度。玻璃泡里有空气，当空气温度上升或者下降时，泡内的空气就膨胀或者收缩，而玻璃管中的被染上颜色的水柱便随之下降或者上升，用水柱的高度表示冷热的程度。在《两大世界体系的对话》中，辛普里修曾说过，一块烧热的铁在冷却时，无疑先要从10度降到9度，而不是从10度降到6度。因此，玻璃管上很有可能有刻度。

图13.2 伽利略的空气温度计

受到伽利略空气温度计的启发，帕多瓦大学教授桑克托留斯（1561—1636）发明了一种人体验温器，用来指示人体温度的变化。桑克托留斯是伽利略的朋友，在1612年出版的《盖仑医术评注》一书中，他描述过这种仪器的外形及使用方法。如图13.3所示，整个装置呈现为蛇形的玻璃管，管子的下端放入盛水的容器中，上端为球状玻璃泡，放入病人的口中。桑克托留斯借助这个装置发现了正常人的体温和

图13.3 桑克托留斯的人体验温器

发热病人的体温有明显的差别。

通过实践，科学家们逐渐意识到，若要有效地测量温度，就必须选取某些温度作为标准点。约在1709年，德国人华伦海特（1686—1736）发明了净化水银的方法，制成了世界上第一支实用的水银温度计。1724年，确立了至今仍在使用的华氏温标。华伦海特一生潜心于科学研究，对气象学非常感兴趣。他采用水银作为测温液体，并取了三个标准点：

1. 冰、纯水和盐（或氯化铵）的混合物的温度设定为0°；

2. 冰和纯水的混合物温度设定为32°；

3. 健康人的人体温度设定为96°。

后来，华伦海特又修正了他的温标，并且把水在标准大气压下的沸点温度定为212°。这就是华氏温标的来历，一般以℉表示。

1742年，瑞典人摄尔修斯（1701—1744）将融冰的温度设为100°，将水的沸点设为0°，两者之间均分成100个刻度，这个体系与现行的摄氏温标恰好相反。物体被加热以后，温度反而越来越小，这与日常经验不符。1750年，摄尔修斯接受了学生施勒默尔的建议，将温度的标准点颠倒过来，融冰的温度设为0°，水的沸点设为100°，一直沿用至今。这就是摄氏温标（也称百分温标）的来历，一般以℃表示。

1638年，伽利略注意到一个奇特的现象：一台普通的抽水机的轴中，水上升到超过水面32英尺（约9.75米）就不再上升了。伽利略把这种现象归结于水柱不能承受它自身的重量，就再也没有去寻找新的解释。伽利略的学生托里拆利（1608—1647）决定继续探究其中的奥秘。他用比水密度更大的材料例如海水、蜂蜜或者水银等做实验，最后他选择了水银。水银的密度比水高出14倍。所谓的真空的阻力到底能把水银提到多高？托里拆利猜想，这个高度大概只有水能升起的最大高度的十四分之一。

1643年，托里拆利和维维安尼合作测量了大气压。如图13.4所示，一个玻璃管约有1.8米长，一端开口，一端封闭，里面灌满了水银。用手指把开口端塞住，玻璃管倒置，将开口端浸入到一个广口的、盛有水银的容器中。移开手指时，玻璃管中的水银会缓慢地下降到容器内，在水银面以上约762毫米的位置停住。托里拆利和维维安尼制成了世界上第一个水银气压计。玻璃管上部留下了一个空虚的空间，后来被称为托里拆利真空，而真空测量的单位托就是用托里拆利的名字来命名的。

图13.4　托里拆利和维维安尼合作测量大气压的装置

通过实验，托里拆利发现不管玻璃管的粗细如何、长度如何，也不管其倾斜程度如何，管内水银柱的垂直高度总是保持在约762毫米的高度，仅仅在不同的天气情况下，水银柱的高度才会出现微小的变化。按理说，若存在真空形成的力，那么真空的容积越大，产生的阻力也会越大。显然，实验现象直接否定了关于真空形成力的假说。托里拆利猜想水银柱的高度源于大气压，水银柱的重力是被大气压力平衡住了。可惜，托里拆利还没有来得及通过实验验证自己的猜想，就不幸染上了伤寒，几天后就去世了。

1646年，法国青年帕斯卡获悉了托里拆利实验的细节，亲自制作出了水银气压计，重复了这个实验。1648年，帕斯卡说服了内弟弗罗林·佩里埃沿着奥弗涅山脉的多姆山，从山脚到山顶，沿路设立了若干个观测点，在每个观测点都用气压计测量水银柱的高度。测量的结果表明，水银柱高度随着观察点的海拔高度的增加而递减。后来，帕斯卡在巴黎的高层建筑上也亲自重复了这个实验。帕斯卡的这一系列实验表明托里拆利关于水银柱高度来自大气压力的猜想是正确的，并且帕斯卡进一步提出，应用气压计可以测量出海拔高度。

约在十七世纪中期，德国物理学家奥托·冯·格里克（1602—1686）发明了抽气泵，这对于气体物理性质的研究具有极其重要的作用。如图13.5所示，格里克的第一台抽气泵使用的是一只木桶，木桶的缝隙用沥青妥善填密，先在里面充满水，而后将水用两个活门的黄铜泵抽空。木桶的密闭性能较差，得到的真空度并不理想。于是，格里克抛弃了木桶设计，直接采用铜球状容器。他不再事先向其中注水，而是直接抽出了铜球中的空气，经过多次的试验，终于成功地获得了相当高的真空度。

图13.5　格里克发明的第一台抽气泵

1654年5月，格里克当选马德堡市长，他利用自制的抽气泵进行了一项科学实验，即著名的马德堡半球实验。他制造了两个铜质空心半球，半球中间有一层浸满了油的皮革，它能够让这两个半球完全结合。其中的一个半球带有连接管，用以连接真空泵。有阀门可将连接管关闭。当两个半球完全密合后，再将其中的空气抽出，两个半球便会受大气压的作用而紧密地结合在一起。格里克将16匹马分为两组，分别从相反的方向拉这两个半球。这些马拼尽全力才把这两个半球拉开，同时爆发出巨大的响声，像放炮一样。马德堡半球实验引起了轰动，它用不争的事实证明了大气压的存在。

1654年，罗伯特·胡克对格里克发明的抽气泵进行了有效改进。当时，胡克担任爱尔兰物理学家罗伯特·玻意耳（1627—1691）的助手，在玻意耳的指导下工作。玻意耳使用胡克改进的抽气泵进行了一系列的实验，测量了在低压和高压条件下空气的体积。他发现一定量的任何气体，在一定温度下的压强与体积成反比，这就是有名的玻意耳定律。

1801年，法国化学家、物理学家盖·吕萨克研究气体受热膨胀时，发现任何气体在压强不变的情况下，热膨胀系数不变。1802年，吕萨克通过更深入的实验发现，在压强恒定的条件下，理想气体（吕萨克称它为永久气体）从冰点升高到水的沸点，如果用百分温度计作标准（摄氏温标），温度每升高1℃，气体的体积就增大了原来体积的0.00375，近似于1/267。后来，更精确的实验证明气体膨胀系数应该是1/273。事实上，1787年，法国物理学家查理（1746—1823）曾独立地发现了这个规律，但他没有公开发表。因此，这个规律后来就被称为查理-吕萨克定律。

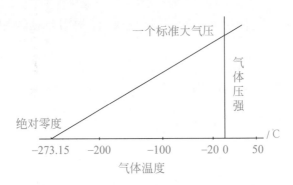

图 13.6　一定体积的气体压强和温度之间的关系

　　玻意耳定律和查理-吕萨克定律突出说明了气体内部结构的特性与物质的本性有着根本的联系。以冰点温度0℃和1个标准大气压为起始条件，根据查理-吕萨克定律，当一定体积的气体温度每降低1℃时，它的压强就减少1个标准大气压的1/273.15。因此，如果将气体的温度持续降低，直到冷却到零下273.15℃，气体的压强就会被减小到零（图13.6）。当然，现实中不可能出现这种极端情况。我们把理论上存在的这个最低温度为绝对零度。

　　假设气体的分子无限小并且分子之间的引力无限小，那么，该气体就会坍缩成数学上的一个点，它的温度可以非常接近绝对零度。在自然界中，氦、氖、氩这类稀有气体很接近地满足以上两个条件。

第14章

热现象与热功当量

火是人类认识自然、征服自然以及改造自然的一件武器。在古希腊神话中，关于普罗米修斯的传说证明古代人已经认识到火对生活的重要性。普罗米修斯为了解除人类没有火的痛苦，不惜触犯天规，勇敢地到太阳神阿波罗那里盗取火种，给人类带来光明和智慧。

1620年，弗朗西斯·培根（1561—1626）同意柏拉图关于热的观点，认为热是一种运动。他在《新工具》一书中根据经验提出运动如果是个属，热便是它的一个种。热本身、它的本质和实质是运动，而不是别的什么。热是物体的一种扩张运动，但不是整个物体一起均匀地扩张，而是它的各个较小部分扩张，并且它们同时还被阻止、推斥、击退。结果这物体获得了一种选择的运动，它反复不断地颤动、反抗和被反冲刺激，从而引起火和热的勃发。

许多个世纪以前，人们已经知道用凹面镜制作取火镜，使太阳光聚焦在易燃物上可点燃它们，但是第一个提出用取火镜来聚焦不可见的热量的是培根。他说："让我们用一个取火镜来试试不发射射线或者说光的热，例如已被加热但未点燃的铁或石头的热，或者沸水的热，等等；看看结果如何，会不会像在太阳光下的情形那样，也发生热的增加？"

早在1553年，意大利人巴帕提斯塔·玻尔塔（1538—1615）发表了《自然魔术》一书。在书中他提到了一个实验，在一面凹面镜前放一支蜡烛，当眼睛位于镜子的焦点时，能感觉到蜡烛发出的热。更令人惊讶的是，他发现像热一样，冷也会被反射，如果你把雪放在那个位置，眼睛也会立刻感觉到冷。实际上，凹面镜能够反射热能，但不能将低温反射到高温区域。因此，玻尔塔的这个实验也许有环境因素干扰，也许受到了心理暗示的影响。

　　英国化学家玻意耳认为热是一个物体各部分的快速骚动。1675年，玻意耳在论文中介绍了一两个产生热的例子。例如，当一个铁匠快速地锤击一枚钉子或者铁块时，被锤击的金属会变得滚烫。然而，并没有看到什么东西使它变得这样，只有锤子的剧烈运动使铁的各个微小部分发生剧烈的、各种强度的骚动。一个原来冷的物体由于其微小部分迸发骚动，变得热了。热这个词可以从两个方面来理解：一是对于原先跟它相比是冷物体的某些物体来说，它变热了；二是感觉到热了，因为这种新产生的骚动超过了我们手指各部分的骚动。在这个例子中，无论所用的是锤子还是铁砧（任何铁都不需要在锤打前先烧热），都不会在锻打好以后仍旧是冷的。这表明铁块被锻打时所获得的热并不是锤子和铁砧传给它的，而是由运动在它里面产生的。一个物体要生热，不一定本身非是热的不可。他还注意到一个情况，如果用一把铁锤将一枚略微大的钉子打进一块木板或一根木头，那么它的头上被敲了好几下以后才开始热起来，但当钉子已敲到头，再也敲不进去时，只要稍微敲几下，它就变得非常热。因为锤子每打一下，钉子就向木头里面进一点，因此所产生的运动基本上是进行式的，整个钉子都往里进；而当这种运动停止时，打击所产生的冲击既不能使钉子再往里进，也不能破坏其整体，因而必定耗用于使其各部分发生各种激烈的内在骚动。

玻意耳用实验考察了热的产生是否需要空气，因为有人认为相邻空气的摩擦对于产生明显的热是不可或缺的。首先，取一些坚硬的黑色沥青，把它放在一个浅盆或者类似的容器里，容器放在水下适当深度的地方；再用一个上好的取火镜，使日光束聚焦在沥青上。然后会发现产生气泡或烟雾，不一会儿就产生相当多的热，能够使沥青熔化。这个实验说明空气对于热的产生而言，不是必需的。

古希腊人认为地球上的物质是由土、气、水、火这四种元素组成的。玻意耳认真地质疑了上述假说，然后直接否定了它。但是玻意耳认为火原子是实在的物质，他屡次谈论到金属焙烧时变重的原因在于金属不断地吸收火原子。而当使一定量的水结冰后，再次称量，玻意耳没有发现重量的变化。因此，他得出结论：冷不是实在的物质，探寻冷粒子的努力是徒劳的。

作为玻意耳的助手，罗伯特·胡克也进行了许多热学实验。胡克支持玻意耳关于热是"物体的一种性质，起因于它各部分的运动或骚动"的观点，"因为一切物体的各部分虽然绝不是那么紧密，但还是在振动"。胡克的这些观点仅停留在假说的阶段，缺乏足够的证据。在很长一段时期内，物理学家仍然倾向于热质说，即把热看作是一种可流动的特殊物质实体。热质说可以解释大部分的热现象，例如物体温度的变化可以看成是吸收或放出热质造成的；热传导是热质的流动；物体受热膨胀是因为热质粒子的相互排斥。

胡克反对玻意耳关于火原子的观点。我们不必自找麻烦地去探寻燧石和钢铁里哪种微孔包含火原子，以及这些原子怎么会被阻留，从而当冲突迫使它们通过热物体的微孔时没有全部跑出去。我们也不必自找麻烦去探讨普罗米修斯怎样从天上取来火元素，并把它放在什么匣子里，埃庇米修斯又怎样将它放出来。也不必去考虑是什么原因致使火原子汇成一股那么大的洪流，据说它们飞向一个燃烧着的物体，就像鹫或鹰飞向一具腐烂的尸体，弄得喧闹连天。在他看来，一切物体都包含一定的热，完全冷的物体是没有的。胡克既否定了火原子，也否定了冷粒子。

胡克利用显微镜观察了火花，认为火和火焰是空气作用于加热物体而产生的化学效应，在历史上首次将热、火和火焰区别开来。

热容量（在比热意义上）的概念首先是由意大利的西芒托学院提出来的。该学院是由伽利略最杰出的学生维维安尼、托里拆利等人于1657年创立的，积极倡导科学以实验为基础的理念。意大利美第奇家族的托斯卡纳大公斐迪南二世和利奥波德亲王给西芒托学院提供了必要的资助，他们二人都曾在伽利略的指导下学习过。学院的一些成员对热传导现象以及热容量进行了各种各样的实验。他们制作了分别以水银和水为工作液体的温度计。当把这两种温度计同时放进温度较高的液体中进行测量时，他们注意到水银温度计的柱面变化比水温度计的柱面变化来得要快，虽然水银柱的变化幅度比水柱的要小。另外他们还做了一些实验，发现把加热到同样温度的等量液体浇到冰上时，每种液体所融化的冰的数量是不相等的。

1724年，荷兰植物学家、化学家及医生赫尔曼·布尔哈夫（1668—

1738）曾这样写道："相同体积的不同物体应含相同的热量，因为不管温度计插在哪里，都指示同样的温度。"显然，他在温度和热量之间没有找到正确的关系，或者说没有建立热容量的概念，而把热量、热质和温度混为一谈。不过，布尔哈夫对热学的发展还是有很大的贡献，例如根据物体混合时的热量交换现象，他提出了热量守恒的思想。他说："物体在混合时，热不能被创造，也不能被消灭。"1732年，布尔哈夫出版了《化学原理》一书，在书中提出等体积的任何物质在相同的温度变化下都吸收或者放出同样数量的热质。但是，当他用等体积的水（100 ℉）和水银（150 ℉）混合时，得到的混合物温度是120 ℉，而不是预想的算术平均值125 ℉。这个现象就是有名的布尔哈夫疑难。

1757年，英国化学家、物理学家约瑟夫·布莱克（1728—1799）仔细考察了布尔哈夫等人的工作，清楚地意识到热量和温度是有区别的，于是分别称它们为热的分量和热的强度，并把物质在相同温度时的热量变化称为对热的亲和性。按当时流行的热质说观点，布莱克将热量设想为一种没有形状的物质，即热质，可以被一切物体吸收（或释放），使其温度上升（或下降）。布莱克认为，既然热质是一种物质实体，那么它也遵守物质守恒规律，即热量守恒定律。

1760年，在上述概念的基础上，布莱克提出了物质吸收热质的能力这一概念，它表示一定量的物质温度升高1摄氏度所需要的热质，这就是物质的热容量。布莱克还设计出测量热容量的实验方法。任何物质皆可测量热容量，如化学元素、化合物、合金、溶液以及复合材料等。布莱克研究了不同温度的水和水银的混合物的温度，发现这两种物质等体积混合，或者等重量混合时，混合物的温度不可能是算术平均值。布莱克说："以等量的热质加热水银比加热等量（指重量）的水更有效，要使等量的水银增加同样的'热度'（指温度），更少的热质即已足够。可见，水银对热质具有比水更小的容量。"这样，布莱克彻底解决了布尔哈夫疑难。

潜热现象是布莱克首先发现的。所谓的潜热是指在温度保持不变的条件下，物体从某一个相转变为另一个相的过程中吸收（或释放）的热量。这一发现是源于布莱克受到了下述两个实验的启示。第一个实验是英国医学家威廉·卡伦（1710—1790）的乙醚制冷实验。乙醚的挥发性很强，蒸发时会出现骤冷的现象。卡伦在自家的工作室中通过乙醚蒸发结晶的方法制出了少量的冰块。另一个实验来源于德国物理学家华伦海特的观察。华伦海特发现如果一盆水不受任何摇晃，保持绝对静止，往往可以冷却到冰点以下而不致结冰。由此，布莱克认为在物态转变的过程，不论是固化、液化还是汽化，都会伴随着热质的转移，这种转移并不一定反映在温度的变化上，因此利用温度计无法测量，所以称为潜热。布莱克专门设计了一个实验来验证：他将0℃的冰块和相等重量的80℃的水混合在一起，结果发现混合后的平均水温不是40℃，而是继续维持在0℃，只是冰块全部融化成了水。布莱克定量地测量出冰的融化潜热，并且估计出水的汽化潜热的大小。

1763年到1765年间，英国发明家詹姆斯·瓦特（1736—1819）在修理纽科门蒸汽机时，受到布莱克潜热理论的启发，将冷凝器和气缸分离开来。在此基础上，瓦特建造了一台可以连续运转的蒸汽机（见图14.1），为波澜壮阔的第一次工业革命拉开了帷幕。

图14.1 瓦特的蒸汽机

虽然热质说对热的本质做出了错误的解释，但是它仍然支撑着18世纪后期的热学发展。法国化学家安托万·拉瓦锡（1743—1794）和数学家西蒙·拉普拉斯（1749—1827）合作，发明了能够精确测量热量的冰卡计。如图14.2所示，冰卡计的器壁有A、C、D三层，物质B放在内室A中，它的温度比较高，使C室的冰逐渐融化成水，水经活栓T流到量杯。外层D也充满冰，起着维持温度

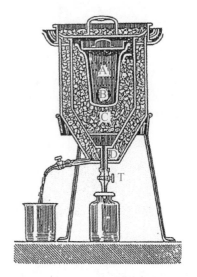

图14.2 拉瓦锡和拉普拉斯的冰卡计

在冰点的作用。由D流出的水排到另一容器，不必计量。称出量杯中的水重，即可求出C室冰所吸收的热量。冰卡计的原理很简单，设计得十分巧妙，可以用来精确测量各种物质的比热，包括固体、液体和气体等。

1807年，法国物理学家、数学家傅里叶（1768—1830）向巴黎科学院呈交了一篇关于热的传导的论文。由于约瑟夫·拉格朗日（1736—1813）等人认为文中的推理缺乏逻辑性，该论文没有通过。1811年，傅里叶又呈交了修改过的论文，但仍然未能在法国科学院的《报告》中发表。傅里叶并不气馁，继续对这一课题进行研究。1822年，他出版了《热的分析理论》一书，集中总结了他的研究成果。傅里叶认为，在吸引或者释放热的物体内部，温度分布一般是不均匀的，在任何点上都随时间变化，所以温度T是空间位置(x, y, z)和时间t的函数。傅里叶证明了温度T满足以下的偏微分方程：

$$\frac{\partial^2 T}{\partial x^2} + \frac{\partial^2 T}{\partial y^2} + \frac{\partial^2 T}{\partial z^2} = K^2 \frac{\partial T}{\partial t}$$

式中，K为依赖于物体质料的常数。这也是三维空间的热传导方程。

傅里叶极其痴迷于热学，认为热能包治百病。1830年夏天，他关上了家中的门窗，穿上厚厚的衣服，坐在火炉边烤火，结果煤气中毒，不幸身亡。

18世纪末，英国物理学家本杰明·汤普森（1753—1814）对热质说发起了挑战。汤普森是一个传奇人物，他出生于北美殖民地，年轻时参加过独立战争，后来加入英国国籍。之后又到德国，因重组德国军队而获得伦福德伯爵的爵位，后来被称为伦福德。1798年，他在慕尼黑兵工厂视察炮筒钻孔时，发现被加工的黄铜铸件在短时间内得到了相当多的热量，而被刀具刮削下来的金属屑的温度更高，甚至超过了水的沸点。按热质说的解释，这些产生的热量应该来自黄铜铸件内部，可是从铸件中被释放出来的热质太多了。伦福德进一步的观察发现，若刀具很钝，切削出金属屑的数量很少，流出来的热质也不会很多。可事实上，只要不停地钻，热量还是持续不断地增加。伦福德把炮筒放在水槽中，用一支钝得几乎无法切削出碎屑的钻头对炮筒进行钻探，经过两个多小时，水槽里的水（有18磅）竟然沸腾了。

1799年，伦福德在《伦敦哲学学报》上发表文章说：什么是热？它不可能是物质实体。对我来说，热除了是那种在实验中只要出现就不断传给金属屑的东西（即运动）以外，似乎难以设想它是别的什么东西。

伦福德的观点引起了英国化学家汉弗里·戴维（1778—1829）的兴趣。1799年，戴维设计了一个更有说服力的实验，在一个绝热装置里，让两块冰在真空中相互摩擦。几分钟之后，两块冰竟然开始融化，变成了水。冰融化而吸收的热量从哪里来？戴维根据这个实验证明热质是不存在的。1812年，他在论文中明确提出热现象的直接原因是运动，它的转化定律和运动转化定律一样，都是正确的。

从18世纪末到19世纪前半期，包括物理学在内的自然科学进入到一个蓬勃发展的新时期，自然科学方面的一系列重大发现日益揭示出各种运动之间存在普遍联系。

19世纪初，法国工程师卡诺（1796—1832）对由热能产生机械能的机器进行了分析。1824年，卡诺在《关于火的动力的思考》这本书中，构造了一台理想热机,通过卡诺循环进行工作。所谓的卡诺循环是指只有两个热源的简单循环,工作物质只能与这两个热源交换热量。卡诺证明了理想热机的热效率是所有热机中最高的,还证明了理想热机的热效率与热源高低温之差成正比,而与循环过程中的温度变化无关。卡诺在1824年的时候还继续使用热质的概念,但是从1830年开始,就彻底抛弃了热质说,并且得出了能量守恒的结论。他在笔记中写道:热不是别的东西,而是动力(能量),或者说是改变了形态的运动,它是一种运动。动力是自然界的一个不变量。准确地说,它既不能产生,也不能消灭。实际上它只是改变了形式,也就是说,它有时引起一种运动,有时则引起另一种运动,但决不消灭。

1840年,英国物理学家詹姆斯·焦耳(1818—1889)精确地测量出热的机械功当量,简称热功当量。如图14.3所示,焦耳的实验装置由一只装上了转动轴的容器以及附在轴上的几个搅拌桨组成,容器里装满了水。容器中的水由于安装了特殊的叶片使得内摩擦增加,因而不能随着搅拌桨自由地转动。装有搅拌桨的转动轴通过一个滑轮由一个吊着的重物所驱动,这重物下降所做的功通过摩擦转化为热,再传递给水。根据容器中水的重量和比热,并测量出水温升高的

图14.3 焦耳的桨叶搅拌实验装置

精确值，焦耳计算出机械功产生的总热量。在不同的条件下，焦耳多次重复了这个实验，他确定了热功当量。1843年，他发表了相关的研究成果：1磅重的物体在曼彻斯特下降778英尺的距离所做的功，如果使之通过水的摩擦产生热的话，可使1磅重的水温度升高1华氏度。

　　为了纪念焦耳，国际上统一规定1牛·米的热量为1焦耳，符号为J。经过单位换算，1843年焦耳得到的热功当量的值为4.511焦耳/卡❶，后经改进实验，他又得到热功当量的值为4.145焦耳/卡，这与现代公认值4.186焦耳/卡之间的误差很小。

❶卡，全称为卡路里，热量的非法定计量单位。

第15章

静磁现象和静电现象

世界各地都发现过天然磁性矿石（简称磁石）。约公元前585年，古希腊科学先驱、哲学家泰勒斯（约前624—前546）在研究中发现，琥珀经过毛皮摩擦会吸引一些轻而微小的物体。泰勒斯认为，琥珀具备这种能力的原因是摩擦使它产生了磁性。事实上，琥珀的这种性质和磁石的磁性截然不同，但是人们仍然将泰勒斯视为历史上发现静电现象的第一人。

春秋战国时期的《鬼谷子·谋篇》中写道："郑人之取玉也，载司南之车，为其不惑也。"这一文献记录了当时的郑国人进山采玉时，车上一定会携带一种名为司南的仪器，因为这样做，采玉人就不会迷失方向。如图15.1所示，司南是中国古代的指南针，古人用磁石材料琢磨成一种光滑的汤勺状的东西，然后将它放置在方形的铜盘中，铜盘上刻有24个方位；让磁勺在盘中自由旋转，当它停下的时候，勺柄指的方向就是南方。

图15.1　司南的外形

1269年，法国物理学家帕雷格伦纳斯（生卒年不详）在《关于磁石的书信》的手稿中，记述了用一个球形磁石进行实验的情况。他确定了磁石两极的位置并发现两极的磁效能最强，他还证明了磁石具有同极相斥、异极相吸的现象；用磁石来磨铁，会使铁磁化；将一块天然磁石打碎成两块，会变为两块磁体；等等。他甚至还提出了将磁力转化成动力的观点。

文艺复兴时期，英国女王的私人医生威廉·吉尔伯特曾连续十七年仔细地研究了磁的相互作用。1600年，他将研究成果发表在《磁石论》一书中，近代磁学和电学的发展在很大程度上要归功于他这本书的启蒙。

在书中，吉尔伯特描述了各种天然磁石的产地和外观，并说明了确定球形天然磁石磁极的方法。如图15.2所示，他将一根细小的罗盘针放在一根支承的轴上，即构成一个指向针。将指向针放在球形磁石的表面上，将它所指示的方向用粉笔画在球形磁石的表面，这样就画出了一个大圆圈。然后再将指向针移到另外一个点上，又得到一个大圆圈，这个过程可以不断地持续下去。最后会发现这些圆圈都近似地通过球形磁石表面两个相对的点，它们就是磁石的磁极（如图中的A和B）。吉尔伯特发现球形磁石的一个磁极对磁针的一端的引力最大，而另一个磁极对磁针的另一端的引力也最大，这很类似于地球表面上的情况。

当位于和球形磁石两极等距离的一个大圆圈磁赤道（如图中的F）上的任何一点时，指向针与磁石的表面

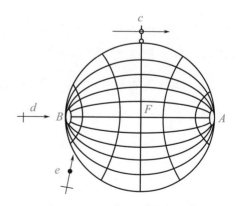

图15.2 吉尔伯特应用指向针确定球形天然磁石磁极的方法

平行；当位于球形磁石的两极时，指向针与表面垂直。而且，当相对于磁石移动指向针时，吉尔伯特发现它对表面的倾角随着与两极的距离而变化。以上情况非常类似于地球，导致他把地球想象为一个巨大的磁石。

吉尔伯特猜想，除了地球具有向周围空间扩展的磁力以外，太阳和月亮等天体也一样。吉尔伯特信奉哥白尼的日心说，为了说明地球绕太阳的圆周运动是合理的，他将其归因于地球和太阳之间的磁效应。他说："为了不致以各种方式消灭、不陷于混乱状态，地球凭借地磁的原动力而转动。"后来，开普勒也接受了吉尔伯特的这个观点。

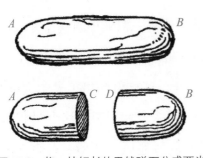

图15.3　将一块细长的天然磁石分成两半

为了研究分割一块磁体的结果，吉尔伯特取了一块细长的天然磁石，如图15.3所示，其北极在A，南极在B。他把它切成两块，发现A和B仍然保持着极性，新的南极C和新的北极D也出现了。这样，就有了两块磁石。

为了提高天然磁石的效力，吉尔伯特将两块磁石的北极与南极用钢帽连在一起，把天然磁石组成链。他发现，一块给定磁石经过这样的改造后，所能负载的最重的铁，便从4盎司（1盎司约等于28.35克）增加到12盎司。

吉尔伯特还叙述了对静电现象的研究内容。他研究了十几种物质，发现它们被摩擦后就可以吸引轻而微小的东西，同琥珀和玛瑙被摩擦后的情况相似。他还制成了一台验电器，利用它做验证实验，发现它距离带电体越近，受到的吸引力就越强。他第一次明确指出了电现象和磁现象具有本质区别。

德国物理学家格里克曾试图用带静电的物体之间的相互作用来解释行星与太阳之间的吸引力。1672年，格里克在他的《关于空虚空间的新马德堡实验》一书中论述了他发明的静电起电机。如图15.4所示，他在一个跟篮球一样大的玻璃球里注入熔化的硫黄。当硫黄冷却后，就打碎玻璃，得到一个硫黄球。再把硫黄球装在一个铁的轴干上，后者由两个支架支撑，以便使硫黄球能够转动起来。这时，用干手或布帛去摩擦硫黄球，就会产生静电。当他举起带电的硫黄球时，周围的羽毛、枯叶等轻而微小的物体都纷纷向他聚拢。随着研究的深入，格里克领悟到不能将重力归结于电力，它们各有自己的属性。

图15.4 格里克的静电起电机

利用静电起电机，格里克发现了同性相斥的效应，即带同种电荷的物体相互排斥。虽然在以前就有人观察到类似的现象，但是格里克第一个清楚地描述了它。他还发现一根放在带电球和地板之间的羽毛会在两者之间上下跳动；电荷能够行进到一根亚麻线的末端；甚至只要靠近经过摩擦的硫黄球，物体就会带电；等等。

图15.5 豪克斯比的静电起电机

在罗伯特·胡克去世后，1703年12月，牛顿就任英国皇家学会主席。牛顿任命弗朗西斯·豪克斯比（1660—1713）担任皇家学会的实验室助理。1705年11月，豪克斯比使用空心玻璃球代替硫黄球，制作成一台大功率的静电起电机（图15.5），并在皇家学会公开演示辉光放电实验。当时，他将手放在静电起电机的玻璃球上，摇动手柄让玻璃球快速转动。然后，将屋子里的蜡烛熄灭，奇妙的景象出现在观众的面前：玻璃球里，围绕着手出现了一道朦胧的蓝光，勾勒出手的形状。

以前人们只能通过摩擦琥珀或者玻璃获取少量的静电。而现在，只要转动手柄，就能通过静电起电机轻易获取大量的静电。豪克斯比的静电起电机被物理学家们持续改进，成为研究静电现象的基本工具，直到19世纪才被感应发电机取代。

1720年，英国物理学家斯蒂芬·格雷对电的传导现象进行了连续多年的研究。为了研究电究竟能传多远，他用木棍、麻线、钓鱼竿等做过多次试验，试验线路最长的达650英尺（约198米）。经过试验，他发现电通过金属比通过丝绸更容易。格雷还曾做过一个很有趣的人体导电实验，在确保安全的前提下，用丝绳把一个孩子悬吊在空中，然后用摩擦过的玻璃管接触孩子的腿部，结果孩子的手部和头部都能吸引羽毛一类的轻质物体。格雷通过这些实验，发现了电的传导性。他把电容易通过的物体（如金属）叫导电体，而把电难以通过的物体（如丝线）叫非导电体。

1733年，法国物理学家夏尔·杜菲（1675—1736）将观察到的静电所带电荷分为两种：一种是由摩擦后的琥珀等树脂类物体产生的，称之为树脂电，是负电；另一种是由玻璃或云母等产生的，称之为玻璃电，是正电。杜菲还总结出静电作用的基本规律，即同性相斥，异性相吸。

1745年，德国人克莱斯特（1700—1748）做了一个实验，他想把电存在水中。他在一只窄口药瓶中盛上水，让瓶中的水与其他物体绝缘，用铁钉把电通到瓶中储存，当再用铁钉将瓶中的水和外界接通时，出现了强烈的放电现象。他发现必须保持瓶口及外表面干燥，如果瓶里装的是水银或酒精，效果会更好。他将这一发现写信告诉了友人，但是在信中缺少了一个关键的说明，即瓶子的外表面必须接地。结果，友人重复做实验时没有观察到相同的现象。

与此同时，莱顿大学物理学教授马森布洛克（1692—1761）在荷兰也做了一个实验。他把金属枪管悬挂在空中，与静电起电机连接，另外从枪管引出一根铜线，浸入盛水的玻璃瓶中。马森布洛克在摇静电起电机，这时，他的助手一只手拿着玻璃瓶，另一只手无意识地碰到枪管时感到电击。于是马森布洛克一只手拿玻璃瓶，让另一只手有意识地去碰枪管，也遭到强烈的电击。在给朋友的信件中，马森布洛克将上述实验的情况详细地描述出来。许多人根据信件中的描述，重复了这个实验。因为马森布洛克的首次实验是在莱顿大学完成的，莱顿瓶也由此得名。

如图15.6所示，这是一个后来经过改进的典型的莱顿瓶结构示意图。图中，一个玻璃容器内外包覆着导电金属箔作为极板。瓶口上端接一个球形电极，下端利用导体（通常是金属锁链）与内侧金属箔或水连接。莱顿

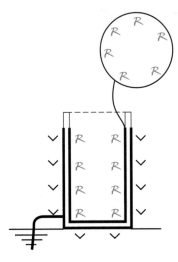

图 15.6　莱顿瓶的结构示意图

瓶的充电方式是将电极接上静电产生器或起电盘等电源，外部金属箔接地，内部与外部的金属将会携带数量相等但极性相反的电荷。

1746年，美国政治家富兰克林开始对电学产生了浓厚的兴趣。他不满足于毛皮摩擦玻璃棒产生的细小火花，而是对天上强烈的雷电现象产生了浓厚的兴趣。他冒着生命危险让风筝飞进雷云中，然后通过潮湿的风筝线将雷电引了下来并储存在莱顿瓶中，从而证明闪电是一种放电现象。1750年，富兰克林在致英国皇家学会朋友的信中建议，在高处设立一根金属杆，当雷暴云来临时，就可以将其中的电通过金属杆引下来。如果金属杆和大地绝缘，电荷就会储存在金属杆里；如果金属杆接地，电荷就会被释放到地下，避免了雷击，这就成了避雷针。

1751年，富兰克林的研究成果被汇编在《在美国费城进行的关于电的实验和观察》中并在伦敦出版。

富兰克林引入了一种关于电流体的假说。他认为玻璃电是唯一存在的电流体。摩擦后的玻璃棒带有玻璃电，被称为带正电的物体；摩擦后的橡胶棒缺少玻璃电，被称为带负电的物体。带正电的物体和带负电的物体相遇时，电流体就会从第一个物体流向第二个物体。富兰克林的理论比较符合实际的情况，电流正是因为电子的运动形成的，不过电子带负电而不是正电。

1753年，富兰克林在《穷理查年鉴》一书中说，只要屋顶上装有避雷针这样的装置，就可以保证房屋安全。因为闪电会被避雷针的尖端引过来，然后沿着金属线传导到地面，因此不会对任何物体造成破坏。避雷针是早期静电现象研究中第一个有重大应用价值的技术成果。

　　俄罗斯科学院院士利赫曼（1711—1753）得知富兰克林的风筝实验后，在家中也建造了一座岗亭，用金属杆作为检雷器来测定云中是否带电。1753年7月，在彼得堡科学院的会议上，他听到有雷声后立即赶回家中，检查岗亭的接地装置是否有效。不料，一道闪光之后，正在工作的利赫曼被雷电击中，伴随着炸雷的巨响，突然倒地，为了科学研究，献出了宝贵的生命。

第16章

库仑定律和引力常数

在18世纪后期，许多国家的物理学家都在从事静电和静磁作用的定量研究，这方面最重要的发现是由法国物理学家库仑（1736—1806）完成的。

1773年，法国科学院以"什么是制造磁针的最佳方法"为题悬赏，征求改良航海指南针的设计方案，并决定在1775年开奖。但到了1775年，因无人获奖，法国科学院决定再度设奖。正在服兵役的库仑无意中获悉了这则消息。经过研究和思考，库仑认为将磁针放置在轴上，必然会带来摩擦，影响灵敏度，而用头发丝或者细丝悬挂磁针，这样摩擦力会减小到最低。1781年，他向法国科学院提交了论文，和万·斯温登（1762—1823）分享了比赛的头等奖。斯温登的论文为《关于磁针及其规则变化的研究》，主要总结了前人以及他本人对磁针的观察，提出用丝悬磁针替代轴托磁针的方案，但未能提出丝悬磁针的结构。库仑的论文为《关于制造磁针的最优方法的研究》，不但给出了丝悬磁针的结构，还给出了悬丝的扭力公式。经过多次实验，库仑发现丝线扭转时，扭力和磁针转过的角度成比例。

1780年，巴黎天文台台长J.D.卡西尼（1748—1845）采用了丝悬磁针的方案来观测磁偏角的变化。他用显微镜观察磁针的扭转角时，发现磁针总是在进行微小的振动，无论如何调整也不停息。他将这个现象告知库仑。库仑很快意识到这一现象是由空气中的静电引起的，于是建议卡西尼采用金属丝代替头发丝，金属丝会将吸附在磁针上的电荷传导到地下。

金属丝与头发丝的性质有显著的区别，例如金属丝弹性系数较大，扭转角相同时需要更大的扭力。金属丝的弹性范围和塑性范围都很大，必须精确地研究金属丝的性质。在这个过程中，库仑进一步发展了扭力理论，并发明了扭秤。利用扭秤能以极高的精度测量出微小扭力，为库仑定量研究静电相互作用和静磁相互作用的规律提供了基础条件。

如图16.1所示，一个高度和直径都是12英寸的玻璃筒，上面盖有一块玻璃板，板的中心上方立有一个长为24英寸的玻璃管，玻璃管的上端

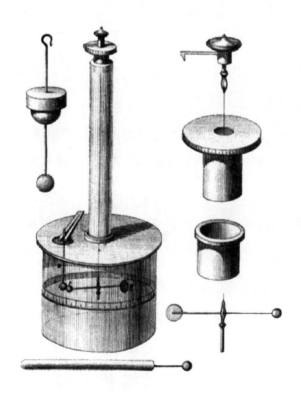

图16.1 库仑扭秤的结构

装有扭力测微计，扭力测微计下悬有一根细丝，细丝下端有一根水平横杆，横杆的一端有一木髓球，另一端有平衡重物。与此木髓球相接触的另一个木髓球被固定在绝缘木杆的下端，两个木髓球大小相等，可携带静电。玻璃筒外壁上刻有360个格子，可以读数。当悬丝处于自由静止状态时，横杆上的木髓球指向零刻度。

实验时，先使固定的木髓球带电，它的电荷将会有一部分传导给横杆上另一木髓球，因为它们的大小相等，电量将平分。这时，横杆上的木髓球会因为同种电荷的排斥力被推开，产生转动。当排斥力被悬丝平衡时，横杆就停在平衡位置上，这样就可以根据玻璃筒外壁上的刻度读出横杆旋转的角度，从而计算出两个木髓球之间的距离，再根据悬丝所受到的扭矩计算出排斥力的大小。

1785年，库仑向法国科学院提交了论文《论电与磁》，其中展示了扭秤实验的过程和数据。最后，他给出了后来以他的名字命名的定律，即库仑定律。但是，在这篇论文中，库仑只得出了同种电荷相排斥时的规律，即带有同种电荷的两个小球的静电排斥力与两小球的中心间距的平方成反比。

库仑研究异种电荷时，发现它们之间的吸引力无法保证扭秤的稳定性。如果两球的距离太近，就会因为吸引而相碰，产生电荷中和效应，实验就无法进行下去；而如果两球的距离太远，就会影响到扭秤扭力的测量精度，导致测量不出来，或者测量误差比较大，使实验变得毫无意义。当然，还有一个改造的方案，就是在两个带电小球之间加绝缘夹板，这样做虽然能避免两球相接触，但不可避免小球与夹板接触，使部分电荷传递给夹板，也影响到实验精度。

库仑从摆的周期性现象中得到启发。在地球表面，摆的周期正比于摆锤与地心的距离。他将电荷的作用力和万有引力相类比，最后成功地发明了电摆。如图16.2所示，G是一个直径为1英尺的铜球或锡包的纸板球，由四根涂有西班牙蜡的玻璃直柱撑起，直柱下端与四根西班牙蜡棍连接，这样做将使得玻璃直柱更为绝缘。在其旁边，用长7～8英寸的单根蚕丝SC将虫漆制成的针lg吊起。l端有一个用金箔剪成的、直径为0.8英寸的小圆球，与针垂直。丝线悬于用火炉烧干的、涂有虫漆或西班牙蜡的小铁杆St下端的S处。铁杆St由一个铁钳夹住，铁钳可以沿刻度尺OE滑动，并由螺旋V使其移动到任何适当的位置。刻度尺OE可由螺旋E来调整高度。实验时，G和l带有异种电荷，则小针受吸引力摆动，测量出G、l在不同距离时lg摆动同样次数的时间，从而就可以计算出摆动周期。

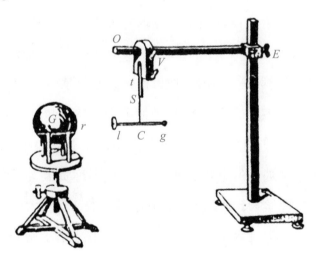

图16.2　库仑的电摆实验

　　1787年，通过对实验数据的分析，库仑认为两个带异种电荷的静电小球吸引力的大小，也与小球中心间距的平方成反比。库仑坚定地相信牛顿提出的长程力（包括万有引力、静电力、静磁力）可以统一的思想，先验地认为真空中两个点电荷之间的作用力与二者电量乘积成正比，并且坦率地宣称这个命题的第一部分是无需证明的。

1832年，德国大数学家高斯（1777—1855）在他的论文《换算成绝对单位的地磁强度》（凡用质量、长度、时间为基本量导出的单位，均称为绝对单位）中指出，必须用根据力学中的力的单位进行的绝对测量来代替用磁针进行的地磁测量。当时，人们普遍认为一切自然现象（包括电磁现象）最终都归于机械运动，所以高斯的建议得到了物理学界的积极响应。利用库仑定律来定义的电荷单位称为静电单位，它的定义是这样的：一个电荷的电量，对一个相距1厘米远的相同电量的电荷的排斥力是1达因。1达因的力能使质量为1克的物体产生1厘米/秒^{2}的加速度。

大约在同一时期，英国物理学家亨利·卡文迪许也独立地发现了电相互作用的规律。卡文迪许出生在英国的贵族家庭，从小受到了良好的教育，18岁考入了剑桥大学的圣彼得学院。他的一生都在私人实验室和图书馆中度过，直到79岁高龄、逝世前夜还在做实验。1810年，他去世以后，人们在他们实验室里发现了20捆笔记。1871年，著名物理学家麦克斯韦（1831—1879）审阅了他的部分手稿，并于1879年出版了一本书，题为《亨利·卡文迪许的电学研究》。麦克斯韦称赞卡文迪许是有史以来最伟大的实验物理学家，他几乎预料到电学上的所有伟大事实。

1773年，卡文迪许用两个同心金属球壳（图16.3）做实验。外球壳由两个半球装置构成，两半球合起来正好形成内球的同心球。取一个直径为12.1英寸的球，用一根实心的玻璃穿过球心作轴，并覆盖以封蜡。然后把这个球封在两个中空的半球间，半球直径为13.3英寸，厚$\frac{1}{20}$英寸。再用一根导线将莱顿瓶的正极接到半球，使半球带电。卡文迪许通过一根导线将内外球连在一起，在外球壳带电后，取走导线，打开外球壳，用木髓球验电器检测后发现内球没有带电，证明电荷完全分布在外球上。

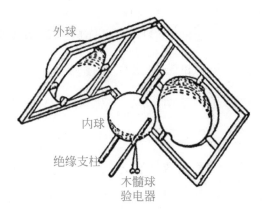

外球

内球

绝缘支柱

木髓球
验电器

图16.3 同心球实验装置

1777年，他向英国皇家学会提出报告："电的吸引力和排斥力很可能反比于电荷间距离的平方。如果是这样的话，那么物体中多余的电几乎全部堆积在紧靠物体表面的地方。而且这些电紧紧地压在一起，使物体的其余部分处于中性状态。"

与此同时，他还研究了电容器的容量，制造了一整套已知容量的电容器，并以此测定了各种仪器样品的电容，早于迈克尔·法拉第（1791—1867）用实验证明了电容器的电容取决于两极板之间的物质。他初步建立起电势的概念，指出导体两端的电势与通过它的电流成正比，直到1827年这个定律才由乔治·西蒙·欧姆（1787—1854）重新确立。

卡文迪许利用物体间的万有引力完成了一个著名的实验，后世称为卡文迪许实验。根据这一实验，卡文迪许推算出地球的质量和平均密度，被誉为第一个称量地球的人。

万有引力对于通常大小的物体而言，是极其微弱的。这一点，牛顿很早就注意到了。1728年他曾公布了一个估算，指出距离仅1/4英寸的两个直径为1英尺的铅球仅靠它们之间的引力，在一个月内也走不到一起。对于这样微弱的引力，在室内实验并精确测量的难度可想而知。

得知库仑发明了扭秤后，英国天文学家约翰·米歇尔曾建议卡文迪许用类似的方法研究万有引力。米歇尔是卡文迪许的老师，他们之间来往密切且友谊深厚。1783年，米歇尔计划设计一种扭秤装置，用来测量两个物体之间的引力，不过设计未完成就去世了。他将实验装置遗留给了化学家沃拉斯顿，然后又辗转传给了卡文迪许。卡文迪许接手后，复原了这个装置，并对可能产生误差的地方进行了改进。例如：为了减少空气扰动，把扭秤放置在封闭的屋子里，在室外进行控制；为了避免地磁的影响，所有的材料都是不导磁的；在扭秤悬丝上附加了小平面镜，并利用望远镜在室外进行观测；等等。卡文迪许改进后的扭秤实验装置见图16.4。

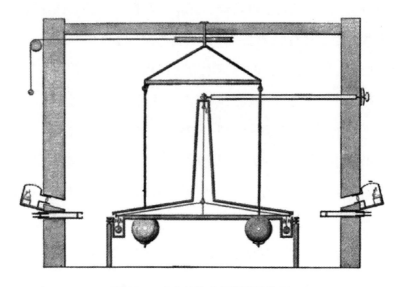

图16.4　卡文迪许的扭秤实验装置

　　如图16.5所示，在卡文迪许的实验中，悬丝为一根39英寸长的镀银铜丝。它吊着一根长度（2d）为6英尺的木杆，木杆两端各固定一个直径为2英寸、重1.61磅的小铅球，吸引它们的是固定着的两颗直径为12英寸、重348磅的大铅球。大球和小球的距离（b）约为9英寸。整个装置是对称的。

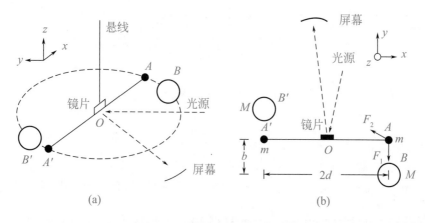

图16.5 卡文迪许扭秤实验示意图

记万有引力常数为G，小球A在木杆的垂直方向的受力主要为小球A与最近的两个大球（B和B'）之间的引力，而房屋内外的其他物体对小球的引力极其微弱，可以忽略不计。

根据万有引力定律，小球A与大球B之间的引力F_1为

$$F_1 = G\frac{Mm}{b^2} \tag{1}$$

小球A与大球B'之间的距离是$\sqrt{b^2+(2d)^2}$，所以它们的引力F_2为

$$F_2 = G\frac{Mm}{b^2+(2d)^2}$$

F_2 在木杆的垂直方向上的分量为

$$F_2 \frac{b}{\sqrt{b^2+(2d)^2}} = G\frac{Mm}{b^2+(2d)^2}\frac{b}{\sqrt{b^2+(2d)^2}} = G\frac{Mmb}{(b^2+4d^2)^{\frac{3}{2}}}$$

所以，小球 A 在木杆的垂直方向的受力为 $F = F_1 - F_2$，即

$$F = G\frac{Mm}{b^2} - G\frac{Mmb}{(b^2+4d^2)^{\frac{3}{2}}} = G\frac{Mm}{b^2}\left[1 - \frac{b^3}{(b^2+4d^2)^{\frac{3}{2}}}\right]$$

记 $\beta = 1 - \dfrac{b^3}{(b^2+4d^2)^{\frac{3}{2}}}$，则有

$$F = G\frac{Mm}{b^2}\beta$$

记镀银铜丝的扭转刚度为 K，设悬丝下端的转角为 θ，即悬丝下端单位转角所对应的力矩为 $K\theta$，而木杆两端两个小球所受的力对悬丝下端的力矩为 $2Fd$。所以在平衡条件下，应当有

$$K\theta = 2dG\frac{Mm}{b^2}\beta \qquad （2）$$

记地球的质量为 M_E，地球的半径为 r，根据万有引力定律，地面上的重力加速度为 $g = G\dfrac{M_E}{r^2}$，则有

$$G = g\frac{r^2}{M_E} \qquad （3）$$

根据式（2）和式（3），整理后有

$$M_E = \frac{2dgMmr^2\beta}{K\theta b^2} \qquad （4）$$

用地球的质量除以地球的体积 $\frac{4}{3}\pi r^3$，就得到地球的平均密度为

$$\rho = \frac{3dgMm\beta}{2\pi rK\theta b^2} \qquad (5)$$

式（5）中的参数 β 与 b 相关，因此所有参数除了 b 和 θ 以外，都是已知的。因此，如果能够精确地测出 b 和 θ，就能够测量出地球的平均密度。

不过，在改变两个大球（B 和 B'）的位置时，系统并不能马上平衡，而是经过相当长时间的震荡，来回摆动，才能逐渐趋于静止，取得平衡位置。这个时间会很长，甚至需要等待数小时。卡文迪许就想办法记下顺序摆动幅度最大处的角度，然后由它们的平均而得到预期平衡点的转角。具体说就是把第一个和第三个摆动的最大角取平均，然后再与第二个摆幅的最大角平均，结果就是最后平衡时的转角。

1797年，卡文迪许完成了对地球密度的精确测量，他得到的地球平均密度为水密度的5.481倍（现代数值为5.517倍）。这个实验的构思、设计与操作都十分精巧，英国物理学家约翰·坡印亭曾称这个实验开创了弱力测量的新时代！卡文迪许的论文《确定地球密度的实验》于1798年公开发表，这也是他发表的最后一篇论文。卡文迪许对于得到发现优先权很少关心，一生中发表的论文仅有18篇。

许多物理学家重复了卡文迪许实验，用更先进的方法对实验装置进行改进，证实了卡文迪许实验的结果是相当精确的。根据卡文迪许实验，计算出万有引力常数 G 的数值为 $6.75 \times 10^{-11} \mathrm{N} \cdot \mathrm{m}^2/\mathrm{kg}^2$。1976年，国际天文学联合会公布的万有引力常数 G 的数值为 $6.67 \times 10^{-11} \mathrm{N} \cdot \mathrm{m}^2/\mathrm{kg}^2$。

　　1871年，他的后代捐资给剑桥大学建立实验室，并以卡文迪许的名字命名。1884年，卡文迪许实验室建成。卡文迪许实验室成为全球顶尖的科学实验室之一，从这里走出近30位诺贝尔奖得主，对物理学的发展作出了巨大的贡献。

第17章

从伏特电堆到锂电池

1750年，瑞士学者苏尔泽（1720—1779）发现将银片和铅片的一端互相接触，另一端用舌头夹住，舌头会感到有点麻木和酸味，但这味道既不是单片银的味道，也不是单片铅的味道。他猜想这可能是两种金属接触时，金属中的微小粒子发生振动而引起舌头神经的兴奋。为此，苏尔泽设计了另外一个实验。他将一个盛水的锡杯放在银台上，舌头接触杯子内的水，没有酸味的感觉，但是当用手接触银台时，舌头就明显地感觉到酸味。他将这一发现发表在1751—1752年柏林科学院论文集中，但是他没有继续深入研究，他的发现也没有引起足够的重视。

18世纪中叶，一艘英国商船回到伦敦，带回了几条电鳗。电鳗是非洲和南美的一种特殊的热带河鱼，当你想捉住它时，它会狠狠地给你电击一下。于是，科学家开始研究它们，发现当以一根导体将鱼背和鱼的下部相连接时，就可以给莱顿瓶充电，这证明了电鳗电击属于放电现象。

1780年11月，意大利医生、动物学家伽伐尼（1737—1798）正在做青蛙解剖实验（图17.1）。操作台上，当解剖刀的刀尖挑开蛙腿的肌肉时，蛙腿出现了肌肉收缩现象。1791年，伽伐尼在《论在肌肉运动中的电力》一文中记述了当时的经历。我把青蛙放在桌上，注意到了完全是意外的一种情况，在桌子上还有一部起电机。我的一个助手偶然把解剖刀的刀尖碰到青蛙腿上的神经；另一个助手发现，当起电机的起电器上的导体发出火花时，这个青蛙抽动了一下。因这现象而惊异的他立即引起了我的注意，虽然我当时考虑着与之完全无关的事情，并且是全神贯注于自己的思想。

图17.1　伽伐尼的蛙腿解剖实验

　　伽伐尼选择不同的条件，在不同的日子，重复做了这个实验。起先，他用铜丝与铁窗连着，发现无论是晴天还是雨天，青蛙腿都产生了痉挛。受到富兰克林雷电实验的影响，他认为这也许是大气在发生作用。后来，他在一间密闭的房间里，将青蛙放在铁板上，再用铜丝去触它，结果蛙腿也发生了痉挛性收缩，这排除了大气的影响。他在论文中写道：我选择不同的日子，不同的时候，用各种不同的金属多次重复，总是得到相同的结果，只是在使用某些金属时，收缩更加强烈而已。之后，我又用各种不同的物体来做这个实验，发现用诸如玻璃、橡胶、松香、石头和干木头来代替金属导体时，就不会发生这样的现象。受到电鳗放电现象的启发，伽伐尼认为蛙腿肌肉就像是莱顿瓶存在着某种电，如果使神经和肌肉与两种不同的金属接触，再使这两种金属相接触，这种电就会被激发出来。他猜想这很可能是从青蛙神经传到肌肉的特殊的电流质引起的动物电，每根肌纤维就是一个小电容器，放电时会产生收缩。

意大利帕维亚大学的物理学教授亚历山德罗·伏特（1745—1827）很快证明了伽伐尼理论中的错误。伏特是伽伐尼的同乡好友，伽伐尼曾亲自将论文寄给了伏特。起初，伏特完全同意伽伐尼的动物电理论，称赞这是在物理学和化学史上称得上划时代的伟大发现之一。但是，经过多次实验以后，伏特彻底改变了想法。他认为引起蛙腿肌肉收缩的电并非来自动物电，而纯粹是一种无机的电化学现象。蛙腿之所以能产生电，是因为两种不同的金属加上蛙腿肌肉中的某种液体在起作用。为了论证自己的观点，伏特把两种不同的金属片浸在各种溶液中进行试验。

1799年，伏特把一块锌板和一块银板浸在食盐溶液里，发现连接两块金属的导线上有电流通过。他用一只灵敏的金箔验电器比较各种金属的接触，用验电器箔片张开的角度来标识电分离作用（即接触电动势）的大小，并按金属之间的接触电动势把各种金属排列成表，从而完满地解释了伽伐尼以及其他人做过的所谓的动物电实验。

1800年3月，伏特从意大利向英国皇家学会会长约瑟夫·班克斯（1743—1820）寄了一封信。在信中，他报告了这个用不同种类的金属接触产生电流的实验：我荣幸地把我获得的惊人成果汇报给你，并通过你呈交给皇家学会。这些成果是我在进行用不同种类金属的简单的相互接触，甚至用不同的其他导体（不论是液体还是含有一些具有导电能力的液体的物体）接触来激发电的实验时发现的。我所说的这种仪器无疑会使你感到惊奇，它只是许多良导体按一定顺序排列起来的组合。30片、40片、60片或更多的铜片（用银片则更好），每一片都镀上锡（或者最好镀上锌），片与片之间隔一层水，或者其他比普通水导电性更好的液体，例如盐水、碱水等，也可以使用在这些液体中充分浸泡过的硬纸板或皮革等。当把这些液体层插在两种不同的金属组成的对偶或结合体之间，并使三种导体总是按照相同的顺序串成交替的序列时，就得到了我的新仪器的全部结构。我曾经说过，它能模拟出莱顿瓶或电瓶组的效应，产生电扰动。

如图17.2所示，伏特把一块银板水平放在一张桌子上，在这块板上再放一块锌板，再在第二块板上放一层湿盘，即在食盐溶液中浸泡过的硬纸板或皮革。然后又放一块银板，又在银板上放一块锌板，在其上放一层湿盘。就这样，继续按同样的方法使银和锌配对，重复叠成一摞。伏特把这种装置称为电堆，后人称之为伏特电堆。

图17.2　伏特发明的电堆

伏特还发明了一种电池，即将锌片和铜片插入盐水或者稀酸溶液中，就形成了具有电效应的电源。如图17.3所示，伏特把几只玻璃杯（或其他绝缘材料制成的容器）放成一排，玻璃杯中加入一半的盐水（或者稀酸），用双金属弧把它们连成一条链。这种双金属弧的一端（A）用镀银的铜做成，另一端（Z）用锡（或锌）做成，接触位置被焊接起来。放置时，焊接部位不要浸入到液体中。

图17.3　伏特发明的电池

为了表达对伽伐尼的尊重，也为了感谢伽伐尼的贡献，伏特在著作中称所发明的电池为伽伐尼电池。

1801年，伏特前往巴黎，在法国科学院表演了他的实验。当时拿破仑（1769—1821）也在场，他下令授予伏特一枚特制金质奖章和一份养老金。1831年，法国物理学家阿拉果（1786—1853）曾评论道：这种由不同金属中间用一些液体隔开而构成的电堆，就它所产生的奇异效果而言，乃是人类发明的最神奇的仪器。

伏特电堆推动了电学从静电转向动电的深入研究。除了伏特电堆以外，伏特还发明了起电盘、静电计、验电器、储电瓶等仪器。科学界为了纪念他，将电动势即电压的单位命名为伏特，简称伏，符号V。电压这个度量单位表示一个带电物体的带电程度。假定有一个大的球形导体带有一定量的电荷，现在想增加它所带的电荷，为此，可以用一根绝缘柄从距离大球一定远的地方（理论上讲是从无限远的地方）拿来携带一定数量电荷的小球，使它与大球接触。由于两个带电球之间存在排斥力，就必须做一定量的功才能让两个球接触到一起。使大球的电荷增加一个电量单位所需要做的功的值，称为电压。

伏特发明的电堆有很大的功能缺陷，由于电极的极化作用，输出电压很不稳定并且很快减小。1836年，英国科学家丹尼尔（1790—1845）在硫酸锌中置入锌板作负极，在硫酸铜中置入铜板作正极，并使用陶罐将这两种溶液分开，使两个电极反应彼此隔离，再用盐桥的方法将两种电解质溶液连接在一起，构成离子移动的电路。这样，他发明了电极不极化且能输出稳定电流的锌铜电池（图17.4），后来被称为丹尼尔电池，早期被用于铁路的信号灯。

图17.4 丹尼尔的锌铜电池

1860年，法国的雷克兰士（1839—1882）发明了碳锌电池（图17.5）。它的负极是锌和水银的合金棒，而它的正极是以一个多孔的杯子盛装着碾碎的二氧化锰和碳的混合物。在正极杯的混合物中插有一根碳棒作为电流收集器，负极棒和正极杯都被浸在氯化铵溶液中。碳锌电池结构简单并且成本低，因此受到了广泛欢迎。

图17.5　雷克兰士的碳锌电池

　　电解质为液体的这一类电池属于湿电池，需在两个金属板之间灌装液体，因此搬运很不方便。特别地，当液体是硫酸时，移动很危险。1887年，英国人威廉·赫勒森发明了干电池。它的电解质是一种不能流动的糊状物，并被密封进锌罐中，不会遗漏，利于携带。如今，干电池已经发展成为一个庞大的家族，种类有一百多种。除了最早发明的碳锌电池以外，常见的还有普通锌锰干电池、碱性锌锰干电池、镁锰干电池、锌空气电池、锌氧化汞电池等。

　　干电池用完即废，无法重新利用。于是，能够经过多次充电放电循环，反复使用的电池，即蓄电池成为新的发展方向。蓄电池的发明最早可以追溯到1859年，法国物理学家普朗泰（1834—1889）发明了铅酸蓄电池。当时，他把铅板浸在硫酸中，当电池使用一段时间电压下降时，可以给它通以反向电流，使电池电压回升。铅酸蓄电池的制造技术经过持续改进，近期仍然是汽车蓄电池的主要选择。

1890年，美国的发明家爱迪生发明了可充电的铁镍蓄电池（简称铁镍电池）。1902年，由美国专利局公开授权。铁镍电池中，铁作为负极，氧化镍作为正极，电解液为氢氧化钾溶液。由于这类电池电解质中的反应物溶解度很低，所以能够经受频繁的充放电。

同一时期，瑞典科学家杨格纳（1869—1924）于1899年发明了镍镉电池。镍镉电池的正极板的活性物质为氢氧化亚镍，负极板的活性物质为氧化镉，电解质通常用氢氧化钠或氢氧化钾溶液。1947年，密封型镍镉电池的研制成功，让镍镉电池应用到更多的领域。镍镉电池最致命的缺点是会出现严重的记忆效应。在充放电过程中如果处理不当，这个现象很容易发生。此外，镉是有毒的，因而镍镉电池不利于生态环境的保护。如今，许多国家都已限制使用镍镉电池。

1976年，美国科学家斯坦福·沃弗辛斯基（1922—2012）发明了镍氢电池。镍氢电池的诞生应该归功于储氢合金的发现。早在20世纪60年代，人们就发现了这种新型功能材料，它可以在一定的温度和压力条件下吸放大量的氢。储氢合金在强碱性电解质溶液中，可以反复充放电并长期稳定存在，从而取代了氧化镉成为电池极板的新材料。镍氢电池能够有效地延长设备的工作时间，大大减小了记忆效应，不存在重金属污染问题，可以实现密封设计。现在，镍氢电池技术已经相当成熟，相关产品规格多样，实现了大批量生产和使用。

2019年10月，瑞典皇家科学院宣布将本年度诺贝尔化学奖授予美国物理学家约翰·古迪纳夫（1922年至今）、英国化学家斯坦利·威廷汉（1941年至今）和日本化学家吉野彰（1948年至今），以表彰他们在锂离子电池（简称锂电池）领域的贡献。20世纪70年代，威廷汉提出以一种全新的材料——二硫化钛作为正极，与金属锂负极相匹配，电池电压高达2V。然而，由于金属锂活性高，带来极大安全风险，这种电池没有获得推广。1980年，古迪纳夫改用钴酸锂作为正极，可将电池的电压提高到4V，这成为锂电池领域的极大突破。1985年，日本科学家吉野彰采用石油焦替换金属锂作为负极，用钴酸锂作为正极，发明了首个可用于商业的锂离子电池。经过三十多年的技术发展，锂电池因重量轻、能量大且便携，被广泛应用于为便携式电子设备供电，潜移默化地改变着人类的生活方式。锂电池还促进了电动汽车的开发以及可再生能源（例如太阳能、风能等）的能量存储，为实现一个无线（可移动）、无化石燃料的社会打下了坚实的基础。

　　总之，电池已经诞生了200多年，无论是过去还是现在，它的发展目标就是让人们随时随地享受到电能带来的便利。

第18章

电流磁效应和电磁感应

古希腊科学家泰勒斯认为，摩擦过的琥珀能够吸引草屑的现象与天然磁石能够吸引铁片是同一类的。后来，英国医生吉尔伯特纠正了泰勒斯的错误观点，明确了电现象与磁现象的差别。自此以后，许多人又开始相信电现象与磁现象互不相关。

1681年7月，一艘航行在大西洋的商船遭到雷击，结果船上的3个罗盘全部失灵，其中两个退磁了，另一个的指针南北指向颠倒。还有一次，意大利的一家五金商店被闪电击中，事后发现被击毁的盒子里有的刀叉被烧熔，有的刀叉被磁化了。据说，富兰克林在做莱顿瓶放电实验时，也曾意外地发现钢针被磁化了。

1820年，丹麦物理学家奥斯特（1777—1851）首次发现了电和磁之间的关系，解开了上述事件中隐藏的秘密。当时，奥斯特在哥本哈根大学任自然哲学教授，曾对物理学、化学和哲学进行过多方面的研究，受德国康德（1724—1804）哲学的影响，坚信客观世界的各种力具有统一性、各种自然力是可以相互转化的，因此一直试图寻找电与磁之间的联系。在获知伏特发明电堆以后，他根据论文的指导亲自制作了一个电堆，用来探索电与磁之间的联系。

1820年4月，奥斯特在去哥本哈根大学讲课的路上，产生了一个念头：静止的电荷对磁石没有影响，如果让电荷运动起来，情况会怎么样呢？奥斯特走进坐满学生的教室，当着听课学生的面，立即搭建实验环境。他在一根铂丝（导线）的下面搁了一个用玻璃罩住的磁针，特意让磁针与铂丝的方向平行，当接通电堆的正负两极时，磁针果然摆动了。在场的学生并没有在意，然而奥斯特激动万分。课后，他继续留在教室里核实这个不同寻常的实验。起初他猜想磁针的摆动也许是铂丝变热产生空气对流引起的，为此，他将一个硬纸板插在铂丝和磁针之间，但这没有改变磁针的行为。然后，他将电堆的正负两极互换，使铂丝中电流的方向相反，结果磁针向另外的方向偏转。

接下来的三个月，奥斯特做了六十多个实验，进行了详细的记录（图18.1）：他把磁针放在导线的上方、下方，考察电流对磁针作用的方向；把磁针放到导线不同距离的位置，考察电流对磁针作用的强弱；把金属、玻璃、木头、瓦片、松脂甚至水等物质放在磁针和导线之间，考察它们是否影响电流导致的磁针的偏转；等等。这样，奥斯特发现了电流磁效应，它证明通电导线周围存在着与永磁体周围一样的磁场。

奥斯特把这个发现的相关事实和观察结果都记录了下来，寄给法国《化学与物理学年鉴》杂志，这篇论文于1820年7月

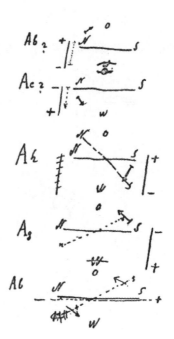

图18.1　奥斯特实验的原始记录

发表。

　　奥斯特实验在当时欧洲的学术界产生了极大震动，很多物理学家重复了这个实验，导致大批实验成果的出现，成为近代电磁学发展的突破口。英国物理学家迈克尔·法拉第（1791—1867）曾对奥斯特实验做出了很高的评价，认为它猛然打开了一个科学领域的大门，那里过去是一片漆黑的，如今充满了光明。

　　有关奥斯特实验的消息很快传到了巴黎，引起了法国青年物理学家安培（1775—1836）的注意。他立即重复了实验，并设计了新的实验。短短几个星期内，安培就发现电流不仅对磁针有作用，两个电流之间也有作用。两根平行载流导线上，如果电流的方向相同，它们就互相吸引；如果方向相反，它们就互相排斥。安培将导体绕成螺线管（线圈），通电后，发现线圈具有天然磁石的作用。如图18.2所示，ab为线圈，被水平自由悬挂起来。线圈通电后，方向将产生偏转，最后稳定在地球南北方向的位置。若用天然磁石的一极靠近线圈一端a，将产生互相吸引或者排斥的现象。

　　随后，安培集中精力研究，进一步做了大量实验。他用铜线制成一个螺线管并使它能绕着一垂直轴自由地转动。他发现当螺线管中通有电流时，就会像一根磁针那样自行指向南北；两个通有电流的螺线管能够像两根磁棒一样相互作用。这说明通电螺线管两端的极性跟螺线管中电流的方向有关。安培发现了

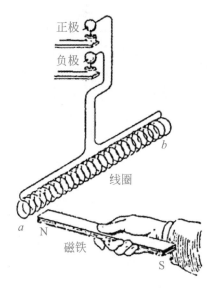

图18.2　安培螺线管实验

电流与其激发磁场的磁感线方向之间的关系，即安培定则。如图18.3所示，用右手握螺线管，让四指指向螺线管中电流的方向，则大拇指所指的那端就是螺线管的N（北）极。

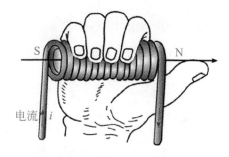

图18.3　安培定则示意图

1821年，安培进一步提出天然磁性的产生是由于磁化物体内部有环形电流即分子电流。磁性物质每个分子内部都包含有一环形电流，从而表现为一个极小的电磁体。当物体未被磁化时，分子电磁体在各个方向上杂乱无章，因此整体没有磁性；当物体被磁化后，分子电磁体大部分的取向都顺着一个方向，因此整体具有磁性。

德国物理学家施威格（1779—1857）和波根多夫（1796—1877）发现将导线多次绕过磁针能够有效增加电流的作用，并且利用这一现象发明了电流计，后来被称为施威格倍加器，它可以检测出导线上的电流强度。

电能生磁，磁能不能生电呢？

1822年，法国物理学家阿拉果和德国物理学家冯·洪堡（1769—1859）在英国格林尼治的一座小山上测量地磁强度时，偶然发现放置在磁针下面的铜盘底座对磁针的振荡产生明显的阻尼效应。1824年，阿拉果完成了著名的圆盘实验。实验中将一铜圆盘水平放置，在其中心正上方用柔软细线悬挂一枚可以自由旋转的磁针，如图18.4所示。他在实验中发现，当圆盘在磁针的磁场中绕过圆盘中心的竖直轴旋转时，磁针也随着

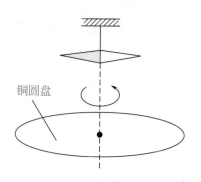

图18.4　阿拉果圆盘实验示意

一起转动起来，但略为滞后。当时，阿拉果无法对这个实验做出合理解释，只是如实地将它公布出来。1825年，阿拉果为此获得了英国皇家学会的科普利奖章。

1825年，瑞士物理学家科拉顿（1802—1893）利用导线绕成了一个线圈，再用一个灵敏的电流计来检查导线中是否有电流存在。由于电流计的工作非常灵敏，为了避免磁铁对电流计的影响，他特意将电流计放到隔壁房间。更悲摧的事情是他没有助手，必须先在这个房间里将磁铁插入到线圈中，然后再跑到隔壁房间观察电流计的动作，结果每次得到的结果都是零。错误的实验安排，使科拉顿没有发现电磁感应现象。

奥斯特发现了电流的磁效应，使电磁领域的热度迅速上升。为此，英国《哲学年鉴》杂志特别邀请时任皇家学会会长的汉弗里·戴维撰写专栏文章，评述奥斯特的新发现以及电磁学实验的发展前景，戴维直接把这一工作交给了助手迈克尔·法拉第。为了完成这项工作，法拉第阅读了能找到的所有期刊论文，而这些论文就像一个矛盾信息的杂货铺。为了验证各种学说的真伪，法拉第重复了期刊文章中描述过的所有实验，其中就包括著名的奥斯特实验。他认为电流与磁的相互作用除了电流对磁、磁对磁、电流对电流，还应有磁对电流的作用。最后，他将自己的发现与思考都写入了约稿的一系列文章中。当时，他并没有署自己的真名，只是谦卑地署下了"M"这个笔名。

1831年8月29日，法拉第的相关研究取得了突破性的进展。他用一个软铁圆环，环上绕有两个互相绝缘的线圈A和B，线圈A和电池连接，线圈B用一导线连通，导线下面平行放置一个小磁针，充当检验是否有电流的指示器。1831年8月29日，他在日记中写道：

1.关于磁生电的实验……

2.用软铁条做了一个圆铁环，它的厚度为7/8英寸，环的外径为6英寸（如图18.5右下角附的小图所示）。铁环的一半绕上许多匝铜线，铜线用麻线和白布隔开，其中共绕了三个线圈，每个线圈都用了24英尺左右的铜线。它们可以连接在一起，也可以三根单独使用。用电池实验时，这三个线圈彼此之间是绝缘的，我们把铁环的这半边称为A。隔开一段距离，在另一半绕有两个线圈，铜线的总长度大约有60英尺，缠绕方向与前面的线圈相同，我们把这半边称为B。

图18.5 法拉第日记影印件（局部）

3.把10个电池连在一起，每个电池电极板的面积是4平方英寸。把B侧的线圈用一根铜线连接起来，铜线经过一段距离（离圆铁环约3英尺），刚好超过一只磁针的上面一点。然后把A侧的一个线圈的两端同电池接通，立即就对磁针产生了可以观察到的影响。磁针摆动着，最后又回复到原来的位置上。当切断A侧线圈与电池的连线时，对磁针又有影响。

4.把A侧三个线圈连成一个线圈，使电池的电流流过所有的线圈，对磁针的影响比以前强得多。

这是法拉第在电磁学方面一次比较成功的实验，虽然他没有完全明白其中的原理，但是这确实是一个划时代的发现。

如果没有软铁，会不会出现电磁现象？紧接着，法拉第又设计了一个实验。他取来一根铁棒，将铁棒绕以线圈，再和电流计相接，铁棒两端各放一根磁铁（图18.6）。当铁棒在线圈中拉进拉出时，电流计的指针会不断摆动。

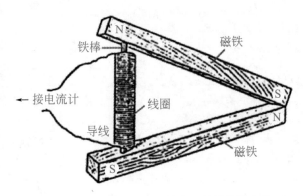

图18.6　法拉第用两根磁铁条夹着铁棒做实验

三个月以后，法拉第在电和磁的关系方面迈出了关键性的一步。1831年10月17日的日记是这样记载的：

56.做了一只空心纸筒，用铜线在外面绕了8层螺旋线，其缠绕的方向都相同。各层的长度如下：

第一层即最外层	32英尺10英寸
第二层	31英尺6英寸
第三层	30英尺
第四层	28英尺
第五层	27英尺
第六层	25英尺6英寸
第七层	23英尺6英寸
第八层即最里层	22英尺

共220英尺　引出线除外

各层之间均用麻线和白布隔开。纸筒的内直径为$\frac{13}{16}$英寸，外直径为$1\frac{1}{2}$英寸，铜螺线管（当作圆筒看）的长度为$6\frac{1}{2}$英寸。

57.关于0的实验。把纸筒一端螺线管（见图18.7）的8个接头擦净并紧连在一起，另一端的8个接头也照此办理。然后，把这两组线头用长铜线接到一电流计上，再将一条长$8\frac{1}{2}$英寸、直径$\frac{3}{4}$英寸的圆柱形磁棒的一端从螺线管的一端插入，并很快推进到整个管中，电流计的指针摆动了；再把磁棒抽出时，指针又有摆动，但摆动的方向相反。每当磁棒被推进或抽出时，这个结果就重复出现。因此，电

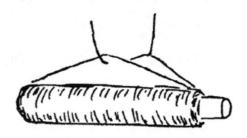

图18.7　法拉第日记中螺线管的插图

的这一波动之所以能产生，仅仅是因为磁石的接近（或者远离），而不是因为磁石本身的结构。

当一块磁铁穿过一个闭合线路时，线路内就会有电流产生，这个效应叫电磁感应，产生的电流叫感应电流。法拉第发现了电磁感应现象，这是他对人类最伟大的贡献。

1831年10月28日，在发现了电磁感应以后，法拉第并不满足，受到阿拉果圆盘实验的启发，他利用皇家学会提供的强磁铁，设计了一套新的实验装置。

99.利用一个直径为12英寸、厚1/5英寸，圆心固定在一个铜轴上的铜质旋转圆盘做了很多实验。为了强化磁极作用，将两个长6～7英寸，宽1英寸，厚为半英寸的小磁体放置在两个大磁体磁极的前端。小磁体与磁极横向交叉，并且小磁体较宽的一面紧贴磁极，使两个小磁体的两端靠得足够近。为了防止振动引起的滑动，用绳子把它们紧紧绑在一起。

100.圆盘边缘插放在两个强化磁极之间，边缘与水银混合。将与圆盘同样厚度的铜条末端弯成凹槽，同样与水银混合，以便能与圆盘的边缘良好接触。将两根这样的铜条用丝线捆绑在一个纸板上，以便它们能同时和圆盘边缘接触，这些接触器通过导线与电流计连接。

当圆盘以一定的速度转动时，产生了稳定的感应电流。如图18.8所示，这个装置是最原始的发电机，即法拉第圆盘发电机，它是世界上所有发电机的鼻祖。

1837年，法拉第引入了电场和磁场的概念，指出电和磁的周围都有场的存在，这打破了超距作用的传统观念。

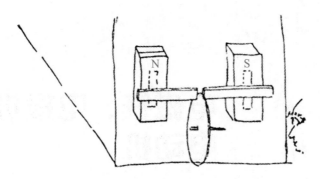

图18.8　法拉第日记中关于发电机的插图

1838年，他提出了电力线的概念，并用它来解释电磁现象。

1852年，他又引进了磁力线的概念，从而为经典电磁学理论的建立奠定了基础。

第19章

电磁铁、电报机和电动机

1820年，奥斯特发现电流具有磁效应的消息传遍了欧洲，在科学界引起了轰动，大家竞相重复奥斯特实验，进一步探讨电和磁之间的联系，取得了一系列重要的成果。

法国物理学家阿拉果发明了最早的电磁铁。他在实验中发现任何一段导线通电后都可以吸引铁屑，为了使效果最佳，他将导线绕成螺线管，发现钢针在螺线管中会产生磁化。此外，他还发现莱顿瓶放电时也可以使附近的铁棒磁化。1820年9月，阿拉果在巴黎皇家科学院公布了他的实验及其发现。与此同时，英国皇家学会的汉弗里·戴维也进行了类似的实验，他发现当铜线通过电流后会像天然磁石那样吸引铁屑。1820年11月，他在伦敦皇家学会公布了他的发现。

1821年，德国物理学家托马斯·约翰·塞贝克（1770—1831）发明了温差电偶。他将两条由不同金属制成的导线首尾相连形成一个结（图19.1），发现如果把其中的一个结加热到很高的温度而另一个结保持低温的话，电路会有电流产生，导线周围会存在磁场。在接下来的两年里，塞贝克将他的持续观察报告给普鲁士科学学会，把这一发现描述为"温差导致的金属磁化"。塞贝克发现了热电效应，并因此发明了温差电偶。温差电偶的电源性能比伏特电堆更加容易控制，也比较稳定。

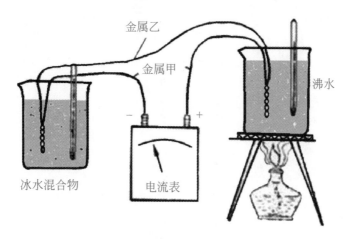

图19.1 赛贝克效应的实验

　　1821年4月，在英国伦敦皇家研究院实验室内，化学家沃拉斯顿邀请戴维一起参与一个关于电磁转动的实验。沃拉斯顿研究了奥斯特实验以后，提出电磁转动的思想，认为通电线圈会让附近的导线围绕它旋转。但是，这个实验失败了。据说戴维的助手法拉第当时也进入了实验室，实验结束后，三个人在一起讨论了实验的过程，分析失败原因。法拉第建议沃拉斯顿用丝线将导线悬挂起来，但是没有被沃拉斯顿采纳。

　　法拉第继续独立地研究这个问题。他发现如果固定的磁极周围有悬挂的载流导线，只要这根导线的重量足够轻，就会围绕磁极旋转。1821年9月，法拉第设计制作了一个后来被称为电磁旋转器的装置，如图19.2所示，把一根上下磁极的磁棒固定在一只敞口玻璃杯中，在玻璃杯中倒入半杯水银。用支架悬挂一根可以旋转的导线，其下端刚好浸入到水银中。将接头a、b分别连到电池的两极，导线实现了旋转。改变磁棒极性或者导线中的电流方向，可以改变导线的旋转方向。在这个装置中，导线相当于电枢，是转子，而磁棒相当于磁极，是定子。它虽然简陋，却是世界上所有电动机的祖先。

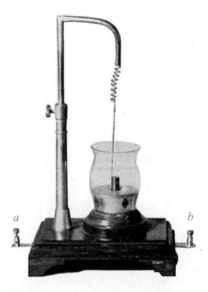

图19.2　法拉第的电磁旋转器

几个月后，法拉第发现如果在固定的载流导线附近悬挂一根磁铁棒，只要磁铁棒的重量足够轻，并且朝下的方向只有一个磁极，那么它也会围绕固定导线旋转。

英国皇家军事学院的教授巴洛（1776—1862）对法拉第的电磁旋转器进行了改造。1822年3月，他在给法拉第的信中绘制了一张说明图（图19.3）。MH为马蹄形磁铁，h为盛满水银的小槽，中间为星形金属轮W，星形轮刚好能浸入到水银中。金属框$abcd$被固定在金属支架CDE上。星形轮以cd为轴，可以旋转。金属支架被安装在平台AB上。当接上电池，就构成水银—星形轮—金属框—金属支架这样一个电流回路，在电流和永久磁铁的作用下，星形轮将不停地旋转。

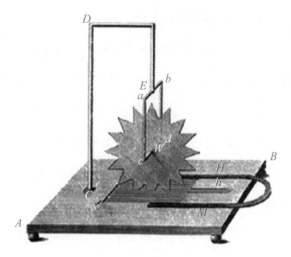

图19.3　巴洛的星形轮电动机

1823年，英国著名发明家威廉·斯特金（1783—1850）对巴洛星形轮电动机进行了改进，他用金属圆盘代替星形轮，用电刷代替了水银槽。如图19.4所示，NS是一个马蹄形永久磁铁，一根导线与金属圆盘的轴心相连，另一根导线通过电刷与金属圆盘外沿相连，将正负极接上电池后，圆盘即可不停地旋转。

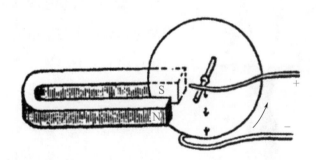

图19.4　斯特金圆盘式电动机

斯特金圆盘式电动机是一种直流单极电动机，结构上与1831年法拉第发明的圆盘发电机十分相似。令人遗憾的是人们没有将二者联系起来进

181

行研究，因此错过了发现电机可逆性原理的机会。

同年，斯特金在研究中发现软铁棒在磁化以后才具有磁性，去除磁化的影响，软铁棒的磁性立即消失。他将软铁棒插入通电螺线管中，发现螺线管的磁性大大增强；断电后，螺线管的磁性会立即消失。他正式称这种装置为电磁铁，以便与天然磁石相区别。电磁铁的真正力量在于人们可以自由控制它是否具有磁性，这启发了未来无数的发明创造，为大规模的工业革命奠定了基础。

1825年，除了几台直棒形的电磁铁以外，斯特金还制成了几台马蹄形的。如图19.5所示，这是一马蹄形电磁铁的结构，所用软铁棒的直径为1/2英寸，长度约12英寸，重量约7盎司（约0.2kg）。铁棒外涂有一层釉漆，再绕有18圈铜线。木碗内盛有水银，可以插入或取出导线，实现通断。这组电磁铁靠伏特电池供电，它能够吸持9磅重的铁块，超过自重20倍以上。断电后，铁块立即跌落。

图19.5　斯特金发明的马蹄形电磁铁

受到傅里叶的热传导理论的启发，德国的数学教师欧姆认为电传导和热传导很类似，电流的作用好像热传导中的温差一样，猜想导线中两点之间的电流也许正比于这两点间的某种推动力之差。欧姆称之为电张力，这实际上就是电势的概念。

为了证实自己的观点，欧姆下了很大的功夫进行实验研究。欧姆在施威格倍加器以及库仑扭秤的启发下，设计了一种电流扭秤，可以比较精确地测量出电流的强度。如图19.6所示，在木质座架 i 上，安装了一支架 g，支架上装有电流扭秤。v 是扭秤的玻璃罩，u 是刻度盘，l 是观察角度用的放大镜，悬丝 s 下为一磁针 t，磁针下方为铜导线 bc。未通电时，磁针与导线 bc 平行。通电时，磁针 t 偏转，通过偏转的角度可以计算出通过导线的电流强度。欧姆起初把伏特电堆接入到电流扭秤中进行实验。1825年，他根据实验记录得到了一个公式并写成论文发表。由于电堆性能不稳定，欧姆的这个公式是错误的。后来，欧姆在物理学家波根多夫的建议下，改用温差电偶，终于得到了一个稳定的电流。如图19.6所示，$abb'a'$ 为金属铋框架，用螺钉把它固定到铜棒 ab 和 $a'b'$ 上，$b'c'$ 为铜导线。将接合端 ab 插入到碎冰雪中，另一接合端 $a'b'$ 插入到沸水中，这样就构成了温差电偶。实验时，把待研究的导体插在 m 和 m' 两个盛水银的杯子中，再连接 m 和 m'，即构成电流回路。

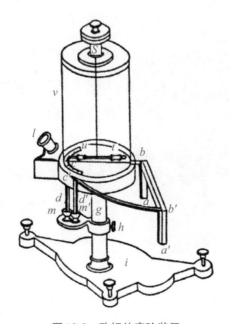

图19.6 欧姆的实验装置

1826年，欧姆发表了相关论文，报告了他的实验结果，并给出导体中的电流强度、导体两端的电张力差（电压）以及导体的有效长度（电阻）之间的关系，即欧姆定律。现代电学理论中，欧姆定律可以表述为：在同一电阻电路中，通过某段导体的电流跟这段导体两端的电压成正比，跟这段导体的电阻成反比。次年，欧姆在《伽伐尼电流的数学研究》一书中详细记录了欧姆定律的实验和原理，并列举了多个用它计算的案例。

美国物理学家约瑟夫·亨利（1797—1878）研究了斯特金有关电磁铁的文章，受到施威格倍加器的启发，他发现电磁铁的磁性强度与线圈圈数呈正相关。为了增加线圈导线的绝缘强度，他甚至将妻子的绸裙撕成条状，包裹在导线上，替代裸露的铜线。1829年3月，他在阿尔伯尼学院展出了一只马蹄形电磁铁，将直径为0.25英寸的软铁棒绕成马蹄形，绸包铜线约35英尺长，分成9组，分别紧包在软铁棒上。

1830年，约瑟夫·亨利通过一英里长的电线远程发送了电脉冲，激活了远端的电磁铁，导致钟响。这个实验展示出电磁铁在远距离通信方面的潜力。

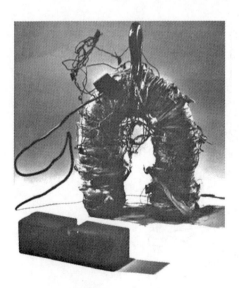

图19.7　亨利用于实验的电磁线圈

1831年，亨利为耶鲁综合学院（耶鲁大学前身）制造了当时世界上吸持力最大的马蹄形电磁铁。如图19.7所示，这个装置采用的软铁芯重量为59磅，上面绕有26个线圈，线圈使用的导线长度约728英尺，接上电池后可以吸持2063磅重的铁块。

1831年，亨利在《美国科学和艺术杂志》上发表了题为《利用磁的吸引和排斥力产生往复运动》的论文，提出了利用电磁铁的吸引和排斥作用制造电动机的设想，并且首次引入了电动机（electric motor）这一名词，他预言电动机的重要性无论怎样强调也不嫌过分。电动机可以按要求造得极大或极小，可以从几英里之外接电流使它运转，既能马上起动，又能立即停止。

　　同年，亨利制成了一台摆动式直流电动机。如图19.8所示，这个装置的运动部件是"冂"形软铁棒*AB*。软铁棒两边各绕有一个线圈，当它们的端部与化学电池交替连接时，软铁棒的极性因线圈中的电流方向而改变，电磁铁与相邻永久磁铁（*C*和*D*）间产生吸引或排斥力，使软铁棒不停地上下摆动，摆动频率为75次/分。

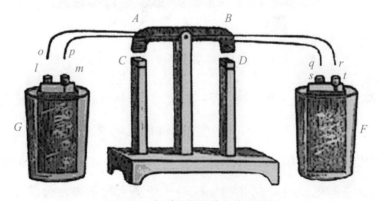

图19.8　亨利的摆动式直流电动机

　　1832年，美国画家协会主席塞缪尔·莫尔斯（1791—1872）应邀到法国讲学。在乘坐游船返美途中，美国医生杰克逊先生向同船的游客展示了一种名为电磁铁的新奇装置。在电流的作用下，它变成磁铁，而电流消失后，磁性就没有了。杰克逊告诉大家，电流可以迅速通过很长的导线。

杰克逊的演示引起了莫尔斯极大的兴趣。

1835年，经过多年的钻研，莫尔斯成功地使用电流的通断和长短的编码进行了信息传送，这就是鼎鼎大名的莫尔斯电码。

1837年，莫尔斯研制出世界上第一台电报机。如图19.9所示，这台电报机利用电磁铁的原理制成，当按动发报机上的电键时，导线另一端的收报机上的电磁铁就能立刻接收到。

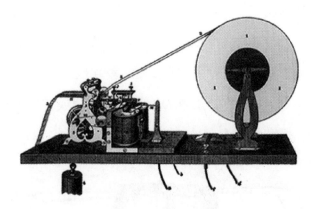

图19.9 莫尔斯电报机

1833年，俄罗斯人海因里希·楞次（1804—1865）在圣彼得堡科学院宣读了论文《论电动力分布所产生的伽伐尼电流方向的决定》。在论文中，楞次提出了感生电动势会阻止产生电磁感应的磁铁或线圈的运动。设有金属导体在一电流或一磁体附近运动，所产生的电流方向将与其在静导线中的方向一致，而该电流的运动恰与该导线运动时的方向相反，如果该导线在静止时有向该方向或其反方向做运动的可能的话。后来这条定律被称为楞次定律。

随后，德国物理学家亥姆霍兹（1821—1894）证明楞次定律实际上是电磁领域的能量守恒定律。1847年，26岁的亥姆霍兹在柏林物理学会上宣读了论文《论力的守恒》，从否定永动机出发，提出了能量守恒定律。他在论文中写道：鉴于前人试验的失败，人们不再询问我如何能利用各种自然力之间已知和未知的关系来创造一种永恒的运动，而是问如果永恒的运动是不可能的，那么在各种自然力之间应该存在着什么样的关系。

第20章

电磁场和麦克斯韦方程组

经典物理学有两种图像：一种是牛顿建立的粒子物理图像，另一种就是法拉第和麦克斯韦建立的场物理图像。

法拉第的电力线和磁力线思想是形成场物理图像的重要基础。法拉第是一位功勋卓著的实验物理学家，考查他关于电磁学的全部实验可以发现，电力线和磁力线思想几乎贯穿其全部的研究活动。法拉第曾这样评价自己：我是如此习惯性地应用它们（指力线），特别是在我的后期研究中，以至于我可能在不知不觉中由于对它们的喜欢从而产生了偏见，使我不再是一个清醒的判断者。但是我仍然努力通过实验来检验、调整这个理论和观点。然而无论是在我做的实验中，还是在对于这个理论的反复考察中，我都没有察觉到由于它们的应用而产生任何错误。

马蹄形磁铁的磁场分布如图20.1所示。

通过一系列实验，法拉第研究

图20.1　马蹄形磁铁的磁场分布

了电介质对电力作用的影响，认识到由于电介质的不同，其粒子能够忍受的极化程度必然不同，进而导致带电体之间作用力不同。1836年9月，他在日记中说明了静电作用。通过空气等物质的感应，不是直线作用，而是有多种形式，大多因为环境的不同而呈曲线或弯曲形状，这强烈证明了它是连续粒子依次地相互作用，而不是超距作用。

后来，法拉第又研究了磁介质，解释了顺磁性和抗磁性。1850年10月，他描述了不同磁介质对磁力线传递的影响。一方面，当一个顺磁性导体，例如一个氧气球，放置于一个磁场中时，这个磁场先前被认为是没有物质的，它将会使通过它的磁力线聚敛，所以它占有的空间比以前传递更多的力。另一方面，如果一个由抗磁性物质构成的球体置于相似的磁场中，将会使磁力线在赤道方向发散或展开，穿过所占空间的磁力线比球体不在的时候要少。磁力线穿过顺磁性、抗磁性球形物质时的情形分别如图20.2、图20.3所示。

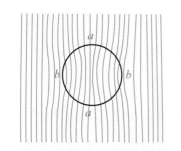
图20.2　磁力线穿过顺磁性球形物质

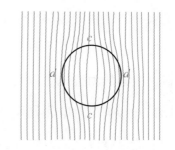
图20.3　磁力线穿过抗磁性球形物质

电磁感应现象则被解释为磁铁周围存在某种电应力状态。当导线在其附近运动时，有电荷受到电应力作用而做定向运动；回路中产生电动势则是由于穿过回路的磁力线数目发生了变化。

1855年，法拉第在《关于磁哲学的一些观点》一文中，集中论述了力线的性质，例如力线的存在与物质无关；物质可以改变力线的分布；力线具有传递力的能力；力线的传递需要时间。法拉第提出力线是能够传递力的实体性存在，可以通过真空传递力而不需要借助于任何介质。

法拉第将主要发表在皇家学会《哲学学报》上的论文收集在一起，整理成《电力实验研究》一书，分别于1839年、1844年和1855年出版了三卷。

1857年，法拉第在《论力的守恒》一文中首次提出了重力线的概念，认为重力线和磁力线类似，也是非极性力线，沿直线在空间传递重力，并且把磁力线、电力线、重力线、光线和热力线等都列入空间力场的范畴，彻底消除了超距作用和中心力的任何假设。

法拉第的研究在物理学发展史上标志着一个新时代的开始。在很大程度上，这些研究是定性的，思想观念也比较朴素。根据法拉第的理论，带电（磁）物体之间的超距作用被连续分布在它们周围的整个空间的力线代替，可以在空间的任意一点为力线赋予一个确定的数值。

在法拉第的力线思想以及傅里叶的热传导理论的启发下，威廉·汤姆逊（1824—1907）对电磁作用的规律进行了探索和研究。汤姆逊后来因为在科学上的卓越成就以及对大西洋电缆工程中的贡献，获得了英国女王授予的开尔文勋爵头衔，故后人习惯称他为开尔文。1842年，开尔文发表了一篇关于热和电的数学论文，题目为《论热在均匀固体中的均匀运动及其与电的数学理论的联系》，说明了热在均匀固体中的传导和电应力在均匀介质中的传递这两种现象之间的相似性。借鉴傅里叶热分析的方法，他把法拉第的力线思想和拉普拉斯、泊松等人建立的完整的静电理论结合在一起，初步形成了电磁作用的理论。1847年，开尔文进一步探讨了电磁现象和弹性现象的相似性，并在《论电力、磁力和伽伐尼力的力学表征》一文中，以不可压缩流体的流线连续性为基础，讨论了电磁现象和流体力学现象。

开尔文的类比研究方法将法拉第的力线思想从定性转变为定量，为麦克斯韦后续的研究工作提供了非常有益的启发。

1831年麦克斯韦出生于爱丁堡，他从小就在数学方面表现出极为突出的天才。1847年，麦克斯韦进入爱丁堡大学学习数学和物理。1850年，转入剑桥大学三一学院数学系继续学习，1854年毕业。

毕业后，麦克斯韦认真地研读了法拉第的名著《电学实验研究》。一年后，他发表了第一篇电磁学方面的论文，题目为《法拉第的力线》。该文延续并发展了开尔文的类比研究，用不可压缩流体的流线类比法拉第的电力线，把流线的数学表达式应用到静电理论中。麦克斯韦还讨论了法拉第提出的电应力状态，由此对电磁感应现象做出了理论解释。后来，麦克斯韦曾评论说："为了采用某种物理理论而获得物理思想，我们应当了解物理相似性的存在。所谓物理相似性，我指的是一门科学的定律和另一门科学的定律之间的局部类似。利用这种局部类似可以用其中之一说明其中之二。"

由于法拉第本人的数学知识匮乏，只能专注于发现和总结具体的实验事实，这也造成在法拉第的名著《电学实验研究》中，竟然找不出一个数学公式。麦克斯韦通过数学方法，把法拉第关于电流周围存在磁力线这一思想，成功地概括为六个定律，使法拉第的学说第一次有了定量表述方式。对此，麦克斯韦表示："也许有人会认为，对多种现象的定量观测还未严密到足以形成数学理论的基础，但是法拉第并不满足于简单地叙述其实验的数学结果，也不希望靠计算来发现定律。当他掌握住一个定律时，他立即像对纯粹数学的定律一样，毫不含糊地讲出来。如果数学家把这个定律当作物理真理接受下来，从它推出其他可以实验检验的定律，那么这位数学家只不过起到帮助物理学家整理自己思想的作用。当然，也要承认这是科学推理的必要步骤。"

1859年，麦克斯韦专程拜访了法拉第，两个人交谈甚欢。在谈话中，法拉第提到了《法拉第的力线》这篇论文，麦克斯韦立即请求他指出论文中的任何缺点，以待改进。法拉第承认这是一篇非常出色的文章，他认为任何人都不应该局限于使用数学方法对他的观点进行解释，希望麦克斯韦试着去突破它。

五年之后，麦克斯韦的《论物理的力线》发表。这是他第二篇电磁学方面的论文，分为四个部分，刊载于1861年和1862年的英国皇家学会《哲学学报》上。在这篇论文中，他引入一个新概念，即位移电流。这个概念是对法拉第电磁感应理论的发展，具有划时代的意义。

麦克斯韦调整了前期的类比研究的方法，开始转向通过建立新模型来建立假说。他从机械惰轮的结构原理中得到启示，借用了英国物理学家朗肯（1820—1872）的分子涡流假说，提出了自己的分子涡旋模型。

如图20.4所示，麦克斯韦假设在磁场作用下的介质中，有规则地排列着许多分子涡旋，这些涡旋绕磁力线旋转，旋转角速度与磁场强度成正比，涡旋物质的密度正比于介质的磁导率。他还假设分子涡旋具有弹性。

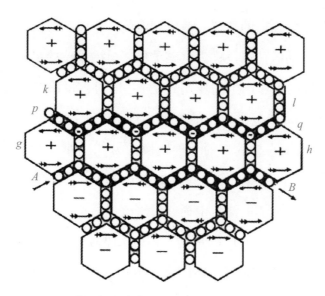

图20.4 麦克斯韦的分子涡旋模型

当分子涡旋之间的粒子受电力作用产生位移时，给涡旋以切向力，使涡旋发生形变，反过来涡旋又给粒子以弹性力。当激发粒子的力撤去后，涡旋恢复原来的形状，粒子也返回原位。这样，带电体之间的力就归结为弹性形变在介质中储存的势能，而磁力则归结为储存的转动动能。

变化的电场形成了位移电流。他认为，只要导体上有电动势作用，就会产生电流，电流遇到电阻，就会将电能转化为热。这一过程的逆向却不可能将热重新储存为电能。既然导电介质中电粒子的位移可以看成是传导电流，那么可以将传导电流与变化磁场的相互作用推广到绝缘体中，甚至是充填于真空的以太中。位移电流与传导电流不同，它不产生热效应、化学效应，但是它在空间激发变化磁场，与传导电流引起的变化磁场等效。这样，电粒子在空间的任何一点的振动都可以通过电场和磁场的相互作用扩展开来。

根据大数学家高斯的建议，考虑到电流产生磁场的情况，规定利用奥斯特定律来定义的电荷单位称为电磁单位。电磁单位的定义是当载流导线对距其1厘米远的磁极产生的作用力是1达因时，每秒内流过导线横截面的电量。显然，一个电磁单位的电量不等于一个静电单位的电量，需要引入一个常数因子来把其中的一种转换为另外一种。1857年，德国物理学家鲁道夫·科尔劳施（1809—1858）与威廉·爱德华·韦伯（1804—1891）合作，从莱顿瓶上测量电荷，量纲统一后，得到了电荷的静电单位和电磁单位之比并具有速度的量纲，约为 3.1074×10^8 米／秒。这一数值与法国物理学家阿曼德·菲佐（1819—1896）用齿轮法测到的光速的数值非常接近。于是，麦克斯韦在论文中大胆地猜测光是由引起电现象和磁现象的同一介质中的横波组成的。

　　1865年麦克斯韦发表了论文《电磁场的动力学理论》，这也是他关于电磁场理论的第三篇论文。在这篇论文的引言中，他再次强调超距作用理论的困难，坚持假设电磁作用是由物体周围的介质引起的。他表示自己提出的理论可以称为电磁场理论，因为它必须涉及电体和磁体附近的空间。也可以称为动力理论，因为它假设在这一空间存在着运动的物质，观测到的电磁现象正是这一运动物质引起的。接着，麦克斯韦全面阐述了电磁场的含意。他认为，电磁场是包含和围绕着处于电或磁状态的物体的那部分空间，它可能充有任何一种物质，介质可以接收和贮存两类能量，即由于各部分运动的动能和介质因弹性从位移恢复时要做功的位能。

　　在这篇论文中，麦克斯韦提出了电磁场的普遍方程组，包括20个变量，共20个方程。其中包括电位移方程、磁场力方程、电流方程、电动势方程、电弹性方程、电阻方程、自由电荷方程和连续性方程。实际相当于8个方程，其中6个是矢量方程。

1868年，麦克斯韦发表了论文《关于光的电磁理论》，明确地把光概括到电磁理论中。在这篇论文中，麦克斯韦揭示了电磁理论的两个基本规律：

电场随时间变化将引发变化磁场；

磁场随时间变化又会产生变化电场。

1873年，麦克斯韦出版了著作《电磁学通论》。其中，他总结了奥斯特、安培、法拉第等人的研究成果，把磁场的变化率、电场的空间分布以及电场的变化率、磁场的空间分布联系在一起，用数学语言完美地表达出来。这就是后来以他的名字命名的著名的方程组——麦克斯韦方程组。

麦克斯韦方程组揭示了物理世界的基本结构，成为科学发展史上最壮丽的诗篇。利用麦克斯韦方程组，只要知道磁化物体、带电导体和电流的分布，就能计算出它们周围电磁场的详细结构及其随时间而发生的变化。虽然电场和磁场常常"停泊"在带电导体和磁化物体上，但它们也能以电磁波的形式在空间传播（图20.5），在传播时带走了能量。

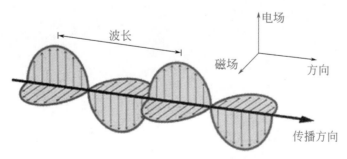

图20.5　电磁波在空间传播

1884年，德国物理学家赫兹（1857—1894）对麦克斯韦的电磁理论进行了系统研究，完成了论文《论麦克斯韦电磁学基本方程组和与其相对立的电磁学基本方程组之间的关系》。后来，他在1888年和1890年又发表了多篇论文。他将麦克斯韦方程组简化为四个基本方程，就是我们今天看到的形式。

人们对于麦克斯韦方程组的对称和完美十分赞赏，但是从来没有人能够证明电磁波的存在。1888年，赫兹从实验上成功地证实了电磁波的存在，并证实电磁波的传播速度等于光速。从此，无线电通信技术开始蓬勃发展，成为现代文明的重要组成部分。

第21章

光速的精确测量

　　历史上，物理学家伽利略是第一个试图亲自用实验测量光速的人。在他的著作《关于两门新科学的对话》中，萨耳维亚蒂设计了一种方法，可以用来准确地确定光的传播是否是真正即时性的。具体方法是让两个人各拿一个包含在灯笼中的灯，而且通过手的伸缩，这个光源可以被遮住或使光射向另一个人的眼中。然后，让他们面对面站在相距数米远的地方，并且不断练习操作启闭光源，直到熟练得在看到同伴的光的那一时刻立即打开自己的光源。在几次试验之后，反应将相当地即时，使得一个光源的打开被另一个光源的打开所应和，而不会有可觉察的误差。于是当一个人刚露出他的光源时，就能立刻看到对面另一个光源也打开了。

　　伽利略的思路是正确的，但是现实令他意想不到。光速实在是太快了，使得一个光源的打开被另一个光源的打开所应和，不可能依靠人工来进行操作，因为延迟根本没有办法避免，这个实验注定会失败。

　　1676年，就职于法国巴黎天文台的奥勒·罗默（1644—1710）使用望远镜研究木星的卫星木卫一的运动，在历史上首次定量估计出光速。如图21.1所示，木星B围绕着太阳A运动，木卫一围绕着木星B运动。木

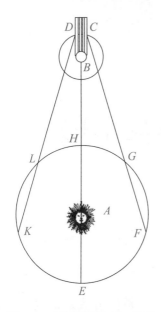

图21.1　通过观测木星卫星的
本卫一估算光速

卫一会规律地进入木星的阴影（图中的 C 至 D）中。罗默观测到当地球远离木星时（从 H 至 L 再至 K），木卫一从阴影中出现的时间会比预测值越来越晚，很明显是因为木星与地球的距离在增加，使得光需要花更长的时间传递。这一说法受到包括巴黎天文台台长卡西尼（1625—1712）在内的许多科学家的质疑，但是获得了牛顿、惠更斯等人的支持。惠更斯根据罗默的方法估算出光的速度为214000千米/秒。虽然这个结果与实际值的误差较大，但是标志着人类在光速测定方面迈出了一大步。

1725年，英国天文学家詹姆斯·布莱德雷（1693—1762）发现了恒星的光行差现象，以意外的方式证实了罗默的理论。刚开始时，他无法解释这一现象，直到1728年，他在坐船时受到风向与航向的相对关系的启发，认识到光的传播与地球公转共同引起了光行差现象。他根据相关观测数据估算出太阳光到达地球需要8分13秒。

1832年，法拉第预见到电场和磁场的传播速度（即光速）是有限的。由于没有可用的实验加以证明，于是他写了一份备忘录，密封后交给皇家学会的秘书，锁在保险箱中以供日后查证。

前不久在皇家学会宣读的题名《电学实验研究》的两篇论文，文中所提到的一些研究成果以及由其他观点和实验所引起的一些问题使我相信：磁作用是逐渐传播的，需要时间。也就是说，当磁体作用于远处的磁体或者铁块时，产生作用的原因是从磁体逐渐传出的，这种传播需要一定时间，这个时间看来也许是非常短的。

我还认为有理由假定电感应也要经历类似的时间过程。

我倾向于把磁力从磁极的扩散类比于起波纹的水之表面的振动，或空气中的声振动。也就是说，我倾向于认为，振动理论也可运用于上述现象，就像运用于声乃至于光那样。

对比之下，我认为可以把振动理论运用于张力电的感应现象。

我想用实验来证实这些观点，但是由于我要用很多时间从事公务，实验只好拖延。我希望将这篇备忘录交给皇家学会保存，将来上述观点被实验证实时，我就有权宣布在现在这个日期已提出上述观点。据我所知，此时除了我以外，尚未有人知道或能够宣布这些观点。

1849年，法国物理学家菲佐使用齿轮法测出了光速。他的实验装置如图21.2所示，原理与伽利略的类似。菲佐用反射镜替代了第二个观察者，用旋转齿轮代替了用手启闭的开关。点光源S放在透镜L_0的焦点处，光经过透镜，被半镀银面的平板M_2反射而会聚在F点。在F点所在的平面上，有一个旋转速度可调的齿轮W，齿轮的齿隙不遮光，而齿恰好能遮住会聚在F的光。通过齿隙的光经过透镜L_1后成为平行光，经若干距离后，透镜L_2将此平行光会聚在自己的焦点上，这个焦点也恰好在凹面反射镜M_1的表面中心上，光被M_1反射后经原路返回。光自F点至M_1，经反射返回到F点的时间为Δt，如果齿轮所旋转的角度正好使齿隙被齿替换，则返回的光被阻挡，透镜L_3后的E处将观测不到；反之，如果齿隙被另一个齿隙替换，则在E处就可以观测到返回的光。这样，当齿轮的转速由零逐渐加快时，在E处将看到闪光。当齿轮旋转而第一次看不见光时，必定是F处齿隙1被齿a替换的结果。菲佐用这个方法测得的光速为315000千米/秒。

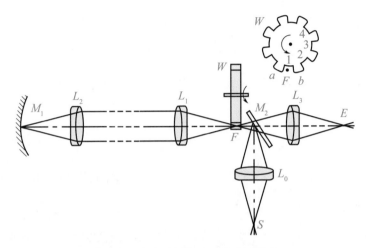

图21.2　齿轮法测定光速的实验装置

菲佐之后，法国的科尔纽（1835—1909）等人先后改进了这个实验，所得的结果是光速在299000～301000千米/秒。

后来，法国物理学家傅科（1819—1868）用旋转镜法来代替齿轮法。如图21.3所示，从点光源S发出的光，经过半镀银面的平板M_3后，被透镜L成像于凹面反射镜M_2的表面上，光在其间受到轴线上过C点的平面镜M_1的反射。此M_1的C点处于凹球面镜M_2的中心，目的是使从M_1反射到M_2上的光容易反射回M_1。如果M_2采用平面镜，则只有当M_1与M_2相互有一定的角度关系时，即当反射光束的轴垂直于M_2时，才能发生上述情况。由M_2和M_1反射返回的光，经过透镜L和半镀银面M_3后，会聚在S'点。当平面镜M_1围绕点C旋转时，在光从M_1到M_2，经反射返回到M_1的时间内，M_1将转过一个小角α，而由M_1反射回到透镜L的光与原光线构成的角为2α，透镜L使返回的光会聚在S''，记S'和S''的位移为ΔS。这样，只要知道透镜 L 的焦距、M_1 与 M_2 的距离以及平面镜 M_1 的转速，就可以计算出光速。这个实验的关键在于测量出位移 ΔS 的值，傅科以精确到 0.005 毫米的测微目镜测量，计算出光速为 298000 千米／秒。

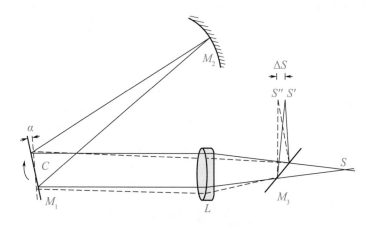

图21.3　旋转镜法测定光速的实验装置

在旋转镜法的实验中，光速只与 M_1 和 M_2 之间的传播过程相关，因此可以测量光在水或者玻璃等透明介质中的速度。根据实验测量的结果，这些光速比在空气中要小些，这给惠更斯的观点提供了强有力的支持，因为惠更斯曾预言，光在水、玻璃等介质中的速度恰好等于真空中的光速除以该介质的折射率。

1926年，美国物理学家迈克尔逊（1852—1931）利用多面反射镜代替傅科实验中的单个反射镜，发明了八面棱镜法。如图21.4所示，光线自点光源 S 出发在一旋转的八面棱镜的一面上发生反射，再经过两个固定的平面镜 M_2 和 M_3 反射到凹面镜 M_4 上，经 M_4 反射到相距数千米至数十千米的凹面镜 M_5，M_5 将光会聚在平面镜 M_6 上，再经过 M_5、M_4 到平面镜 M_3'（在 M_3 的下方），然后经过平面镜 M_2' 和八面棱镜的 a' 面，到达观察者的眼

睛 E 处。若在光往返一次的时间内，八面棱镜恰好旋转了 1/8 圈，即与 a' 面相邻的一面正好转到 a' 面原来的位置，那么在 E 处将看到 S 的像不动。这样，利用八面棱镜的转速就能准确地测定时间，而不必测出像的位移 ΔS。迈克尔逊测出空气中的光速为 299786 ± 14 千米/秒。

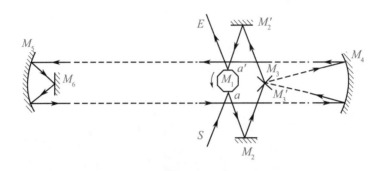

图 21.4　八面棱镜法测定光速的实验装置

1932 年至 1935 年，迈克尔逊利用一根长达 1.6 千米，直径约为 1 米的密封长筒内进行实验。他将长筒内的压强抽空到只有 5.5 ~ 6.5 毫米汞柱❶，并且用 32 面棱镜替代了八面棱镜，测定光往返十次所需要的时间。这样，他测出真空中的光速为 299774 ± 2 千米/秒。

1851 年，在成功地应用齿轮法测出光速以后，菲佐完成了一项很重要的实验。这个实验的目的是搞清介质的运动对光速具有什么样的影响。如图 21.5 所示，水银灯光源 S 发出的单色光落在玻璃平板 P_1 上，P_1 的前面涂有一层水银，厚度恰好可以使一半的光发生反射，另一半则穿过它到达平面镜 M_1，并被平面镜反射。这样，就可以得到两束强度相等、振动同步的平行光，让这两束光通过两端透明的管子 T_1 和 T_2，再借助于平面镜

---

❶ 毫米汞柱，压强单位，1 毫米汞柱 = 133.3224 帕。

M_2和前面镀银的玻璃平板P_2，又会合到一起。若筒内的水是静止的，则因为两束光到达E点的时间相同，观察者在E点观测不到干涉现象；若筒内的水高速流动，则因为两束光到达E点的时间不同，将产生相位差而观察到干涉条纹。菲佐用各种不同的水流速度进行实验，并做出精确的测量。他发现光在流水中的速度与水流速度有关，可以用如下的经验公式来表示：

$$V = \frac{c}{n} \pm \left(1 - \frac{1}{n^2}\right)v$$

式中，V是光在流水中的速度；c是光在真空中的速度；n为实验用液体的折射率；v为水流速度。不管是菲佐还是别人，都不能解释这个公式意味着什么。后来，爱因斯坦指出，这个神秘的经验公式是狭义相对论的必然结果。

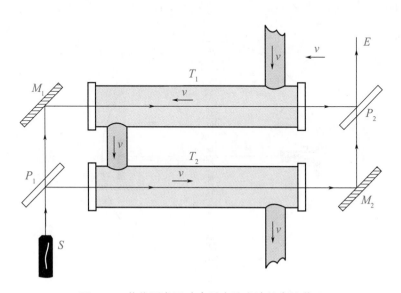

图21.5 菲佐测定运动介质中的光速的实验装置

1887年，迈克尔逊与其合作者莫雷做了一个著名的实验。地球在轨道上绕太阳公转的速度约为30千米/秒，若宇宙空间充满了以太，那么应该有以太风吹过地球表面。他们决定测量光在下列两种情况下的速度：一种情况是光沿着预期的以太风方向传播；另一种情况是光沿垂直于以太风的方向传播。实验的目的是测量以太风对光速的影响。

实验所用的装置大致如图21.6所示，安装在一块坚固的大理石板上，石板漂浮在水银中，所以它能轻易地绕着中心轴旋转而不致摇晃。从光源S出发的光束落在一块玻璃平板P_1上，平板P_1的前面涂有一层薄银，使入射光束的一半反射，另一半穿过。这两束光相互垂直，再被同样远的平面镜M_1和M_2反射。玻璃平板P_2作为补偿板，与平板P_1平行安装，目的是使两束光穿过玻璃的厚度相同。最后，这两束光合并在一起到达E处，可以用灵敏的光学仪器观测它们的干涉情况。若在第一次实验时没有观测到预期的干涉条纹，那么就将整个实验装置旋转90°再重新做一次。结果两

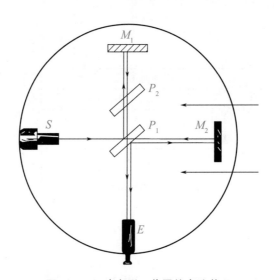

图21.6 迈克尔逊-莫雷的实验装置

次实验都做了，都没有观测到干涉条纹的移动。

1905年，爱因斯坦发表了论文《论动体的电动力学》，提出了狭义相对论。狭义相对论的一个重要的基本公设就是光速不变原理，即真空中的光速在任何参考系下都是恒定不变的。

狭义相对论直接或间接地催生了量子力学，也为研究微观世界的高速运动确立了全新的数学模型。

参考文献

[1] 沃尔夫. 十六、十七世纪科学、技术和哲学史 [M]. 周昌忠，苗以顺，毛荣运，等译. 北京：商务印书馆，1991.

[2] 牛顿. 自然哲学之数学原理 [M]. 王克迪，译. 西安：陕西人民出版社，武汉：武汉出版社，2001.

[3] 卡约里. 物理学史 [M]. 戴念祖，译. 北京：中国人民大学出版社，2010.

[4] 伽利略. 关于托勒密和哥白尼两大世界体系的对话 [M]. 周煦良，等译. 北京：北京大学出版社，2006.

[5] 伽利略. 关于两门新科学的对谈 [M]. 戈革，译. 北京：北京大学出版社，2015.

[6] 伽莫夫. 物理学发展史 [M]. 高士圻，译. 北京：商务印书馆，1981.

[7] 哥白尼. 天球运行论 [M]. 张卜天，译. 北京：商务印书馆，2014.

[8] 约翰逊. 历史上最美的 10 个实验 [M]. 王悦，译. 北京：人民邮电出版社，2010.

[9] 克雷斯. 历史上最伟大的 10 个方程 [M]. 马潇潇，译. 北京：人民邮电出版社，2010.

[10] 郭奕玲，沈慧君. 物理学史 [M]. 2 版. 北京：清华大学出版社，2005.

[11] 牛顿. 伽利略的钟摆：从时间节律到物质的制造. 路本福，苗蕾，译. 北京：外语教学与研究出版社，2007.

[12] 马吉. 物理学原著选读 [M]. 蔡宾牟，译. 北京：商务印书馆，1986.

[13] 戴庆忠. 电机史话（三）第三章 电机的萌芽及诞生（上）[J]. 东方电机，1998（4）：67-94.